普通高等教育"十三五"环境工程类专业基础课规划教材
"互联网+"创新教育教材

环境分析化学实验

U0288105

主　　编　吴蔓莉

副主编　蒋　欣

　　　　　徐会宁

西安交通大学出版社
XI'AN JIAOTONG UNIVERSITY PRESS

全国百佳图书出版单位

内容提要

本书结合环境专业的学科特点,突出了环境样品分析的实验方法和技术。全书共 9 章,包括实验基础知识、滴定分析法和实验、重量分析法简介和实验、紫外-可见分光光度法简介和实验,以及原子吸收光谱法、电位分析法、色谱法、红外光谱法、荧光光谱法、电感耦合等离子体光谱法、气相色谱-质谱联用等仪器分析方法的简介和实验。此外,本书中还包括了多个综合设计性实验选题,以培养学生系统地完成一些具有一定深度和广度的探究性实验研究的能力。

本书可作为高等院校本科生、研究生的教材或参考书,也可供相关科技人员参考使用。

图书在版编目(CIP)数据

环境分析化学实验/吴蔓莉主编. —西安:西安交通大学出版社,2018.2(2019.1 重印)
普通高等教育"十三五"环境工程类专业基础课规划教材"互联网+"创新教育教材
ISBN 978 - 7 - 5693 - 0420 - 6

Ⅰ. ①环… Ⅱ. ①吴… Ⅲ. ①环境分析化学-化学实验-高等学校-教材 Ⅳ. ①X132 - 33

中国版本图书馆 CIP 数据核字(2018)第 027784 号

书　　名	环境分析化学实验
主　　编	吴蔓莉
责任编辑	魏照民
出版发行	西安交通大学出版社
	(西安市兴庆南路 10 号　邮政编码 710049)
网　　址	http://www.xjtupress.com
电　　话	(029)82668357　82667874(发行中心)
	(029)82668315(总编办)
传　　真	(029)82668280
印　　刷	西安日报社印务中心
开　　本	787mm×1092mm　1/16　印张 11.5　字数 267 千字
版次印次	2018 年 3 月第 1 版　2019 年 1 月第 2 次印刷
书　　号	ISBN 978 - 7 - 5693 - 0420 - 6
定　　价	29.80 元

读者购书、书店添货、如发现印装质量问题,请与本社发行中心联系、调换。
订购热线:(029)82665248　(029)82665249
投稿热线:(029)82668133
读者信箱:xj_rwjg@126.com

编写委员会

总　序

　　随着我国经济的高速持续发展,人们的生活水平和生活质量不断提高,对环境的期望和要求也不断提高,为我国高等环境教育事业的发展带来了前所未有的机遇和挑战。根据教育部"环境科学与工程类教学指导委员会"的统计,截至2017年,全国高校已设立了600多个环境科学与工程类专业点,为我国环境事业的发展培养了一大批建设和管理人才。

　　大学本科专业教学分为基础知识教学与专业知识教学。基础知识教学不仅为专业教学提供基础,而且能拓展学生的知识范围,为跨专业学习和未来职业教育奠定良好的基础。环境科学与工程类专业的基础知识覆盖数学、物理学、化学(无机化学、分析化学、有机化学、物理化学)、生态学、环境学、环境化学、环境微生物学(或生物学)、工程力学、流体力学、电工电子学等多门学科,为环境科学与工程的核心概念、基本原理、基本技术和方法奠定基础,是专业学习的重要内容。教育部最新颁布的《普通高等学校环境科学与工程类专业教学质量国家标准》也特别强调了专业基础知识教学在提高专业教学质量中的核心和重要地位。而基础课教材作为基础知识教学内容的载体,在本科专业教学活动中起着十分重要的作用。

　　"互联网+"是利用信息通信技术以及互联网平台,使互联网与传统产业(或知识)进行融合,从而创造新的发展业态(或生态)。将"互联网+"应用于教材和教学活动是高等学校本科教学的发展趋势。

　　针对我国经济发展面临的环境问题和环境科学与工程类专业发展的特点,进一步夯实学生的专业基础,根据学科发展和现代互联网教学发展的需要,由西安建筑科技大学环境与市政工程学院牵头,组织环境科学、环境工程、水质科学与技术等环境科学与工程类专业的教师编写了《普通高等教育"十三五"环境类专业基础课规划教材"互联网+"创新教育教材》系列教材。该系列教材将互联网与传统纸质教材进行深度融合,将"互联网+"纸媒教材的模式应用于环境科学与工程类专业基础知识教学领域，打造开放性、立体化教材，创造新的基础知识教学发展生态，使学生的学习不受时间、空间限制，从而大幅提高学习效率。为互联网背景下，我国环境科学与工程类专业基础知识教学提供新的探索和尝试。

编委会

2018 年 2 月 5 日

前　言

　　分析化学是环境类专业重要的专业基础课。它的主要任务是确定物质的组成、含量和结构。分析化学广泛应用于污染物测定、环境质量监测、水质分析、水污染治理、大气污染治理、土壤污染修复的处理效果评价和控制等方面。可以说，分析化学是环境类专业的"侦察兵"。

　　分析化学实验是分析化学课程的重要组成部分，它与理论课教学的关系十分密切。通过分析化学实验教学，使学生熟练掌握分析化学的基本操作技能和实验方法，同时加深学生对分析化学基础理论知识的理解。近年来，随着课程改革进程的加深，许多高校对分析化学实验进行了单独设课。为了有效地实施实验课程教学，构建层次结构合理的实验教学内容体系，出版相应的分析化学实验教材的任务迫在眉睫。

　　本书结合环境类专业的学科特点，突出了分析化学在环境样品分析中的应用。本书内容包括实验基础知识、验证性实验、综合设计性实验三部分。实验基础知识部分主要对分析化学实验基本要求、实验室规章制度、常用玻璃仪器、化学试剂、实验用水、实验数据的处理和实验报告撰写进行了较为详细的介绍。验证性实验部分包括 36 个基础实验，主要目的是为了训练学生的基本操作技能和数据处理能力。综合设计性实验是为鼓励学生参与探索研究性实验、强化学生独立分析和解决问题的能力而进行设置的，该部分共 28 个选题，内容涉及滴定分析、重量分析、紫外－可见分光光度分析、红外吸收光谱法、原子吸收光谱法、原子发射光谱法、分子荧光光度法、电位分析法、气相色谱法、高效液相色谱法、电感耦合等离子体-原子发射光谱法(ICP-MS)、气相色谱-质谱联用方法(GC-MS)等。

　　本书有以下几个特点：①内容编写上，将与实验对应的基础理论知识、实验基础知识和实验内容相结合，有助于学生在实验过程中查阅相关理论，以加深对实验内容的理解。②实验测定指标的选择上，突出分析化学在环境类专业中的实际应用，所选的测定指标多与环境样品的分析测定有关。③实验类型包括了验证性实验、设计性实验和综合性实验。既可以通过验证性实验训练学生规范化操作仪器的实验技能，又可通过综合性和设计性实验，开拓学生视野，强化学生分析问题、解决问题的能力,使学生得到全方位的培养和训练。

　　本书由吴蔓莉主编,蒋欣和徐会宁担任副主编。杨磊副教授参加了第 8 章主要内容的编写工作。全书由吴蔓莉、徐会宁审校定稿。

　　由于编者水平有限,书中不足之处在所难免,敬请读者批评指正。

编者

2018.1

目 录

第1章 实验基础知识

1.1 实验教学目的和实验室规章制度

分析化学实验教学内容主要包括指导学生学习规范化操作、掌握样品测定的方法原理和步骤、对实验数据进行处理和测定结果的评价等;目的是通过进行实验,使学生掌握正确的仪器操作和样品测定方法;同时通过实验加深对课堂所学理论知识的理解。学生进入实验室后,需要进行洗涤器皿、称量、测定、记录数据等各种操作的规范化训练。

1.1.1 分析化学实验规章制度

(1)凡进入实验室进行教学、科研活动的学生都必须严格遵守实验室的各项规章制度。

(2)学生实验前必须接受安全教育,必须认真预习实验教材中的相关内容,明确实验目的和步骤,了解实验所用的仪器设备及器材的性能、操作规章、使用方法和注意事项,按时上实验课,不得迟到、早退。

(3)学生进入实验室应衣着整齐,保持实验室安静,不得在实验室内大声喧哗、嬉闹,保持实验室内整洁卫生,不准在实验室内进食、吸烟和乱吐乱丢杂物。

(4)学生在实验中应严格遵守操作规程,服从实验指导教师或实验技术人员的指导。必须以实事求是的科学态度进行实验,认真测定数据,如实、认真地做好原始记录,认真分析实验结果。

(5)学生应爱护实验室仪器设备,严格遵守实验操作规程。凡因违反操作规程或不听从指导而造成的人身伤害事故,责任自负;造成仪器设备损坏者,按学校有关规定进行处理赔偿。

(6)在实验过程中,注意安全,严防事故,注意节约用水、用电,以及实验材料、试剂和药品,遇到事故要立即切断电源、火源,报告指导老师进行处理;遇到大型事故应保护好现场,等待有关单位处理。

(7)每次实验结束后,学生要对本组使用的仪器设备进行擦拭,做好整理工作,经实验指导教师检查后,方可离开实验室。

(8)实验报告要用统一的实验报告纸撰写,内容一般包括实验目的、实验仪器设备及其原理、实验步骤、实验原始数据、实验结果与分析讨论。实验报告书写要工整,统一采用国家标准所规定的单位与符号;作图要规范,曲线要画在坐标纸上,要用曲线板绘制或用计算机处理数据和作图。

1.1.2　本科实验教学管理办法

(1)严格按照本科实验教学大纲组织实施本科实验教学,由任课教师会同实验指导教师,共同确定实验项目及内容,由实验指导教师安排实验时间及场地等,完成实验教学任务书。

(2)由专人负责实验教学任务书的上传下达,并完成实验教学工作的统计、汇总、督查、信息反馈等工作;实验教学任务书由分管院长签字(或盖章)、中心主任签字、任课教师签字、实验指导教师签字后,方可实施。

(3)由实验指导教师负责实验教学的准备、实验指导及实验考核等工作,并完成学生实验报告、实验记录等教学资料的归档工作;实验教学所需化学试剂、仪器设备、场地等报相应管理人员后,由中心主任负责统一协调,统一购买。

(4)实验指导教师在组织与实施实验教学时,必须具备实验教学大纲、实验教材(或实验指导书)、仪器设备使用说明或操作规程、实验(或操作)注意事项、实验挂图等教学文件。

(5)实验指导教师在实验前,必须清点学生人数。对迟到15分钟以上或无故不上实验课者,以旷课论处;因故未做实验的学生必须补做方可取得实验课的成绩;学生首次上实验课时,实验教师必须宣讲"学生实验守则"和"实验室规则"等有关实验室规章制度。

(6)实验指导教师可根据课程自身的特点,采用日常考核、操作技能考核、卷面考核和提交实验结果等多种考核方式;独立设课实验的考核,除日常考核之外,须安排实验操作考核或卷面考核,并单独记载成绩。

1.2　分析化学实验基本要求

1.2.1　实验前的准备工作

实验前预习:首先必须理解和掌握与实验内容相关的理论知识,通过阅读实验教材中与本次实验相关的章节内容,明确实验目的和实验原理,了解实验中所要用到的器皿、药品。熟悉实验方法和步骤,特别关注实验注意事项。

进入实验室前,穿好实验服、准备好实验教材、实验数据记录本、实验报告册、实验用笔等与实验有关的物品。

1.2.2　实验操作环节训练

进入实验室后,严格遵守实验室的各项规章制度,认真听取老师讲述实验内容和方法、实验注意事项等。指导老师对实验操作过程进行讲解和演示后,学生按要求分组进行实验。

实验过程中不喧闹,不讨论与实验无关的内容。保持实验室整洁安静,注意药品和器皿的整齐摆放,并遵循"原物放回原处"的规则。

1.2.3　记录实验现象及实验数据

实验过程中要仔细观察实验现象,及时、准确地将实验数据及实验现象记录在专用实验记录本上。不允许将数据随意记录在小纸片或单页纸上。尽量采用表格形式记录数据。

记录的实验数据要符合规范要求,注意有效数字的保留。例如,用移液管移取50 mL 溶液时,记录为"50.00 mL";用量筒移取 50 mL 液体记录为"50 mL";用万分之一电子天平称量时,应记录至 0.0001 g;滴定管的读数应记录至 0.01 mL 等。总之,要根据所用仪器的精度记录到最小刻度的下一位。

实验过程中如果发现记录的数据有误,应将其用线删除,然后在旁边写上正确的数字,并签名确认。不能随意涂改。实验中严禁随意拼凑或伪造数据。

对同一个样品一般需经过 3 次平行测定。

实验测定结束后,指导老师检查所有同学的实验数据,老师签字后,同学收拾实验台面,将药品和器皿放回原处摆放整齐,台面收拾干净后,方可离开。

1.2.4　撰写实验报告

实验结束后,对实验数据进行计算和处理,得出实验结果后,根据实验过程和实验结果,认真撰写实验报告。实验报告一般包括:实验名称、目的、原理、所用仪器和试剂、实验步骤(实验流程)、原始数据及实验数据的计算和处理、实验结果、分析和讨论等内容。实验报告的撰写方法见本章第 7 节。

1.3　定量分析中常用的玻璃仪器及洗涤方法

定量分析中需要用到各种玻璃仪器,这些仪器根据用途可分为容器类和量器类。容器类包括烧杯、锥形瓶、碘量瓶、试剂瓶、称量瓶、干燥器等。量器类包括量筒、滴定管、移液管、吸量管、容量瓶等。此外还有一些特殊用途的玻璃器皿如胶头滴管、干燥器、漏斗、比色管、比色皿等。

1.3.1　常用的玻璃仪器

1)容器类

分析中常用的容器类玻璃仪器如图 1-1 所示。

图1-1 分析中常用的容器类玻璃仪器

容器类玻璃仪器用途如下：

（1）洗瓶（wash bottle；washing bottle）。洗瓶是分析化学实验室中用于装清洗溶液的一种容器。在分析化学实验中一般用洗瓶盛装纯水。常见的挤压型洗瓶由塑料细口瓶和瓶口装置出水管组成。使用时，将瓶盖拧开，向里面注入纯水后再盖住并拧紧瓶塞。使用时挤压塑料瓶体，利用出水润洗玻璃仪器。切忌不允许把瓶盖打开后，将吸量管或者移液管插入瓶内进行纯水的移取。

（2）烧杯（beaker）。烧杯是一种常见的实验室玻璃器皿，呈圆柱形。通常由玻璃、塑料，或者耐热玻璃制成。实验室中玻璃烧杯最为常见。烧杯一般可用来加热，为使内部液体均匀受热，一般需垫上石棉网。烧杯经常用来配制溶液和作为较大量试剂的反应容器。在操作时，经常会用玻璃棒或者磁力搅拌器来进行搅拌。不可用烧杯来长期盛放化学药品，也不能用烧杯作为量器量取液体。

（3）试剂瓶（reagent bottle）。试剂瓶可分为广口、细口、磨口、无磨口等多种。广口瓶用于盛固体试剂，细口瓶盛液体试剂，棕色瓶用于避光的试剂，磨口塞瓶能防止试剂吸潮和浓度变化。

（4）称量瓶（weighing bottle）。称量瓶是磨口塞的筒形玻璃瓶，用于差减法称量试样。因有磨口塞，可以防止瓶中的试样吸收空气中的水分和 CO_2 等，适用于称量易吸潮的试样。称量瓶平时要洗净，烘干，存放在干燥器内以备随时使用。称量瓶瓶盖不能互换，称量时不可用手直接拿取，应带指套或垫以洁净纸条，不能用火直接加热。

（5）干燥器（dryer，drier，desiccator）。干燥器是具有磨口盖子的密闭厚壁玻璃器皿，常用以保存坩埚、称量瓶、试样、药品等物。它的磨口边缘涂一薄层凡士林，使之能与盖子密合。干燥器底部盛放干燥剂，最常用的干燥剂是变色硅胶和无水氯化钙，其上搁置洁净的带孔瓷板。坩埚、试样、药品等放在瓷板孔内。干燥器中的空气并不是绝对干燥的，只是湿度较低而已。

使用干燥器时应注意下列事项：搬移干燥器时，要用双手拿着，用大拇指紧紧按住盖子；开干燥器时，不能往上掀盖，应用左手按住干燥器，右手小心地把盖子放在桌子上；不可将太热的物体放入干燥器中；底部的变色硅胶为蓝色。当底部的变色硅胶全部变为粉红色时，表示已受潮失去吸湿作用。需要在 120 ℃ 烘干 2~3 h 后，待硅胶变蓝色再继续使用。

（6）漏斗（funnel）。漏斗是过滤实验中不可缺少的仪器。过滤时，漏斗中要装入滤纸。

（7）长颈漏斗（long neck funnel）。长颈漏斗主要用于反应时添加液体药品。

（8）分液漏斗（separating funnel）。分液漏斗分为球型、梨型和筒型分液漏斗等多种样式。分析化学中常用梨型分液漏斗做萃取操作。

（9）锥形瓶（conical flask；Erlenmeyer flask）。锥形瓶也称三角瓶，一般用于滴

定实验中盛放待测液体。不能用锥形瓶作为量器量取液体。

（10）碘量瓶（iodine flask）。碘量瓶一般为碘量法滴定中专用的锥形瓶。

（11）比色皿（cuvette）。比色皿也叫吸收池。光度法中用来盛放待测液。有玻璃比色皿和石英比色皿。可见光度法中常用玻璃比色皿，紫外光度法中需要用石英比色皿。比色皿一般为长方体，规格有 0.5 cm、1 cm、2 cm、3 cm 几种类型。

2）量器类

分析中常用的量器类玻璃仪器如图 1－2 所示。

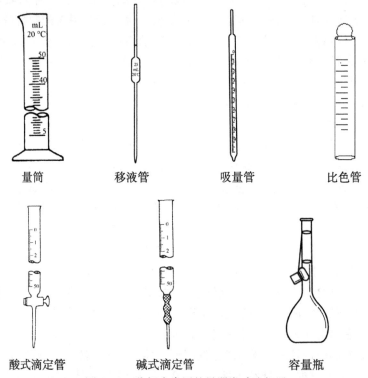

量筒　　　　　移液管　　　　　吸量管　　　　　比色管

酸式滴定管　　　　　碱式滴定管　　　　　容量瓶

图 1－2　分析中常用的量器类玻璃仪器

量器类玻璃仪器用途如下：

（1）量筒（graduated cylinder）。量筒是用来按体积定量量取液体的一种玻璃仪器。一般有 5 mL、10 mL、25 mL、50 mL、100 mL、250 mL、500 mL、1000 mL 等规格，精度较低。除量筒外，用来量取液体体积的玻璃仪器还有移液管、吸量管等。移液管和吸量管的精度都比量筒高。

（2）移液管（pipette）。移液管是用来准确移取一定体积溶液的量器。它是一根中间有一膨大部分的细长玻璃管。下端为尖嘴状，上端管颈处刻有一条标线，是所移取的一定量准确体积的标志。所移取的体积通常可准确到 0.01 mL。在滴定分析中用来准确移取待测液体样品时一般使用移液管。移液管有老式和新式,老式管身标有"吹"字样,需要用洗耳球吹出管口残余液体。新式没有吹字,不要吹出管口残余,否则引起量取液体过多。常用的移液管有 20 mL、25 mL、50 mL 和 100 mL 等规格。

(3)吸量管(pipette)。通常把具有刻度的直形移液管称为吸量管。当需要控制试液加入量时一般使用吸量管。所移取的体积通常可准确到 0.01 mL。在使用吸量管时,为了减少测量误差,每次都应以最上面刻度(0 刻度)处为起始点,往下放出所需体积的溶液。常用的吸量管有 1 mL、2 mL、5 mL 和 10 mL 等规格。

(4)滴定管(burette)。滴定管是滴定分析中常用的玻璃仪器,分为酸式滴定管(acid burette)和碱式滴定管(base burette)。酸式滴定管的下端为一玻璃活塞,用于量取对橡皮有侵蚀作用的液体,如酸溶液或氧化性试剂(如 $KMnO_4$)。碱式滴定管的下端用橡皮管连接一支带有尖嘴的小玻璃管,橡皮管内有一玻璃珠。碱式滴定管用于量取对玻璃管有侵蚀作用的液态试剂,主要用来量取碱溶液。滴定管刻度的每一大格为 1 mL,每一大格分为 10 小格,每一小格为 0.1 mL。可精确到 0.01 mL。使用时注意下部尖嘴内液体不在刻度内,量取或滴定溶液时不能将尖嘴内的液体放出。

对于易见光分解的溶液,需用棕色滴定管盛放并进行滴定。

(5)容量瓶(volumetric flask)。容量瓶是一种带有磨口玻璃塞的细颈梨形平底玻璃瓶,颈上有刻度。容量瓶上标有温度和容量。容量瓶的用途是配制准确浓度溶液或者定量稀释溶液用的精确玻璃仪器。使用时注意对容量瓶有腐蚀作用的溶液,尤其是碱性溶液,不可在容量瓶中久放,配好后应转移到试剂瓶中存放。容量瓶有多种规格,有 5 mL、50 mL、100 mL、200 mL、250 mL、500 mL、1000 mL、2000 mL等。常用的是 200 mL、250 mL、1000 mL。

(6)比色管(colorimetrical cylinder)。比色管是吸光光度法中用来配制标准系列所用的成套玻璃仪器。外型与普通试管相似,但比试管多一条精确的刻度线并配有玻璃塞。比色管使用时需放在管架上,一般成套使用,一套 1~7 个。比色管不能加热,不能直接竖直放在桌面上,同一比色实验中要使用同样规格的比色管。常见规格有 10 mL、25 mL、50 mL 三种。

1.3.2　玻璃器皿的洗涤及常用洗液的配制

1)洗涤方法和常用洗液的配制

分析化学实验中不可避免地要用到各种玻璃器皿。这些玻璃器皿在使用前必须要清洗干净,才能获得准确的结果。干净的玻璃器皿内壁能被水均匀润湿。玻璃器皿的洗涤既要根据实验的要求、污物的性质和玷污程度,也要根据其形状的特殊性选择合适的洗涤程序。下面对实验中较常遇到的情况进行说明。

(1)如果玻璃器皿沾染了可溶性污物和浮尘,可采用"自来水冲洗—自来水刷洗—纯水润洗"的步骤。先在玻璃器皿内加入适量自来水,用力振荡洗掉可溶性污物。如果振荡后玻璃器皿内壁上还附着污渍,则用毛刷刷洗内壁再用自来水冲洗。自来水冲洗后,根据"少量多次"的原则,用少量纯水润洗玻璃器皿3次。

(2)如果玻璃器皿沾有油污或其他有机物,则需用肥皂液、去污粉或洗涤剂清洗。清洗步骤为"自来水刷洗—洗涤剂或洗液清洗—自来水冲洗—纯水润洗"。即先用毛刷和自来水洗去玻璃器皿上的可溶性污物和浮尘,然后用毛刷蘸取洗涤剂或洗液刷洗,并用自来水冲洗以除去玻璃器皿上残留的污物和洗涤剂,最后用纯水润洗玻璃器皿3次。

(3)对于口径小而长的特殊形状不易用刷子刷洗的玻璃器皿,如移液管、滴定管、容量瓶等,或者对于沾染了特殊污物而用洗涤剂不易洗干净的玻璃器皿,需用铬酸洗液清洗。

铬酸洗液的配制:用托盘天平称取10 g工业重铬酸钾置于干净烧杯中,加入40 mL热水使其溶解。冷却后,边搅拌边缓慢加入200 mL浓硫酸(注意不能将重铬酸钾溶液加入浓硫酸中!!!),冷却后装入磨口试剂瓶备用。

洗涤时先用水和毛刷洗去可溶性污物和浮尘后,将玻璃器皿内残留的水倒掉,在玻璃器皿内加入少量铬酸洗液,慢慢转动玻璃器皿,使器皿内壁全部被铬酸洗液浸润,旋转数次后,把洗液倒回原瓶(必要时可将玻璃器皿在铬酸洗液中浸泡一段时间后),再用自来水冲洗,最后用纯水润洗3次。

(4)光度分析中所用的比色皿,容易被有色溶液染色。通常用完后需用盐酸—乙醇混合液浸泡,然后再用自来水冲洗并用纯水润洗洗净。

盐酸—乙醇洗液的配制:将化学纯的盐酸和乙醇按1:2体积比混合。

其他一些洗液的配制:

氢氧化钠—乙醇洗液:将60 g氢氧化钠溶于约80 mL水中,再用95%的乙醇稀释至1 L。该洗液主要用于洗去油污及某些有机物。不可用此洗液长时间浸泡玻璃器皿,以免腐蚀。

2)如何判断玻璃器皿已经洗涤干净

洗净的玻璃器皿内壁能被水均匀润湿。将器皿倒立时,如果水在器皿壁上只留下一层既薄又均匀的水膜,而不挂水珠,则表明玻璃器皿已清洗干净。如果器皿壁上挂着水珠,说明没有清洗干净,需要重洗。

3)洗涤时注意事项

(1)洗涤过程中注意节约用水。自来水和纯水都应按照"少量多次"的原则使用。不必要每次都用很多水甚至灌满容器。每次洗涤加自来水一般不超过器皿总容量的20%。纯水应在最后使用,即仅用它洗去残留的自来水。

（2）新配制的铬酸洗液呈暗红色，经反复使用后，随着氧化性的不断降低，清洗能力会减弱。这时可加入浓硫酸恢复清洗能力。当洗液颜色由暗红色变为绿色时，表示不再具备氧化能力，不宜再用。由于铬离子有毒，污染环境，因此失效的洗液不能直接倒掉，应倒入废液缸中，另行处理。

（3）经纯水润洗的玻璃器皿不能用布或纸擦拭。

1.4　试验用纯水规格、制备及检验方法

分析化学实验对实验用水的质量要求较高，不能直接用自来水进行实验。纯水的纯度是影响分解结果准确度的重要因素。在配制溶液时应使用纯水作为溶剂配制。洗涤玻璃器皿时，最后需要使用纯水润洗 3 次。实验过程中应根据分析任务的要求，选择合适规格和级别的纯水。

1.4.1　纯水的制备方法

制纯水时，一般用自来水作为制备纯水的原水。常用制备纯水的方法有蒸馏法、离子交换法、电渗析法等，近几年发展起来的方法有反渗透法（reverse osmosis，RO 法）、电去离子法（electro deionization，EDI 法）等。

（1）蒸馏法。蒸馏法制纯水所用的设备是硬质玻璃或石英蒸馏器。其制水过程是使自来水在蒸馏器中经加热汽化、水蒸气冷凝，重复多次后即得到蒸馏水。蒸馏法只能除掉水中的非挥发性杂质，不能除去易溶于水的气体，同时残留少量的离子。蒸馏水可满足一般分析实验室的用水要求。

（2）离子交换法。离子交换法是指采用离子交换树脂去除水中杂质的方法。此法可对水中离子起到有效去除作用。所得水的纯度较高。缺点是去离子水中可能含有微生物和少量有机物，以及其他一些非离子型杂质。

（3）电渗析法。电渗析法是在离子交换法基础上发展起来的一种方法。在直流电场的作用下，利用阴、阳离子交换膜对原水中存在的阴、阳离子选择性渗透的性质除去离子型杂质。

电渗析法与离子交换法相似，不能除去非离子型杂质。但电渗析器的使用周期比离子交换柱强，再生处理比离子交换柱简单。

（4）反渗透法。水渗透时，水分子是通过具有选择性的半透膜从低浓度流向高浓度，反渗透则是利用高压泵使水分子透过半透膜由高浓度流向低浓度。反渗透膜能去除无机盐、有机物、胶体、细菌、病毒、混浊物等杂质。反渗透法具有能耗低、无污染、工艺先进、操作简便等优点。反渗透处理水适合大多数实验室使用。

（5）电去离子法。电去离子法是将电渗析与离子交换结合而形成的新型膜分离技术制纯水方法。即在外加电场作用下，利用离子交换、离子迁移、树脂电再生过程制备纯水。EDI 法的优点是既可利用电渗析连续脱盐和离子交换树脂深度脱

盐,又克服了离子交换树脂需要再生使用的麻烦。

1.4.2　纯水的规格及用途

我国已颁布了《分析实验室用水规格和试验方法》(GB/T 6682—2008)的国家标准。国家标准中规定了分析实验用水的级别、规格、技术指标、制备方法和检验方法。

分析实验室用水共分三个级别:一级水、二级水和三级水。其中,一级水纯度最高,用于有严格要求的分析实验,包括对颗粒有要求的实验,如高效液相色谱分析、电化学分析、原子光谱分析用水;二级水用于无机痕量分析等实验,如原子吸收光谱分析用水;三级水用于一般化学分析实验,多数的滴定分析可用三级水,但配位滴定法和银量法对水的纯度要求较高一些。

一级水一般在临用前制备,不宜存放。在储运过程中可选用聚乙烯容器。实际工作中,人们往往习惯用电阻率衡量水的纯度。上述一、二、三级水的电阻率应分别等于或大于 10 MΩ · cm、1 MΩ · cm、0.2 MΩ · cm。

表 1－1 中所示的一、二、三级水常用制备方法如下:

表 1－1　分析实验室用水的级别和主要技术指标(GB/T 6682—2008)

指标名称	一级	二级	三级
pH 范围(25℃)	—	—	5.0～7.5
电导率(25℃)(ms/m)	≤0.01	≤0.10	≤0.50
可氧化物质(以 O 计)(mg/L)	—	<0.08	<0.4
蒸发残渣(105℃±2℃)(mg/L)	—	≤1.0	≤2.0
吸光度(254 nm,1 cm 光程)	≤0.001	≤0.01	
可溶性硅(以 SiO_2 计)/(mg/L)	<0.01	<0.02	

注:"—"表示不作规定。

三级水:以前多采用蒸馏方法制备,所用蒸馏器多为铜质或玻璃蒸馏装置。现在有些实验室改用离子交换法、电渗析法或反渗透法制备。三级水是一般实验室分析常用水。

二级水:可用离子交换或多次蒸馏等方法制取。

一级水:可将二级水经过石英设备或离子交换混合床处理后,再经 0.2 μm 微孔滤膜过滤制取。

除纯水外,还有超纯水。超纯水是美国科技界为了研制超纯材料(半导体原件材料、纳米精细陶瓷材料等),应用蒸馏、去离子化、反渗透技术或其他适当的超临界精细技术生产出来的水,这种水中除了水分子外,几乎没有什么杂质,更没有细菌、病毒、含氯二噁英等有机物,当然也没有人体所需的矿物质微量元素。

纯水和超纯水的区别:纯水是指既将水中易去除的强电介质去除,又将水中难以除去的硅酸及二氧化碳等弱电解质去除至一定程度的水。纯水电导率小于 5.0 μS/cm,纯水的含盐量在 1.0 mg/L 以下。超纯水(高纯水)是指将水中的导电介质几乎全部去除,又将水中不离解的胶体物质、气体和有机物均去除至很低程度的水。超纯水的电导率小于 0.2 μS/cm(25℃时电阻率达到 18 MΩ·cm 的水),超纯水的含盐量在 0.3 mg/L 以下。

1.4.3　检验方法

检验纯水的方法包括物理方法和化学方法。物理方法即测定纯水的电导率。一般情况下,通过测定电导率对纯水进行检验。测定电导率时所用的电导率仪,其最小量程应大于 0.02 μS/cm。测量一、二级水时,电导池常数为 0.01~0.1,在线测量。测定三级水时,电导池常数为 0.1~1,通常是用烧杯接取 300 mL~400 mL 水,立即测定。

特殊需要用水如生物化学、医药化学等实验用水还需要对其他相关项目进行检验。例如根据用水需要采用化学法测定 pH、氯化物、硅酸盐含量等。

1.5　化学试剂的分类、分级和用途

化学试剂种类繁多,世界各国对化学试剂的分类和分级标准不尽一致。国际纯粹化学与应用化学联合会(IUPAC)将化学标准物质依次分为 A—E 五级。按用途分化学试剂可分为标准试剂、一般(通用)试剂、特效试剂、指示剂、溶剂、仪器分析专用试剂、高纯试剂、生化试剂等。下面主要介绍分析实验常用的标准试剂、一般试剂和高纯试剂。

1.5.1　标准试剂

标准试剂是用于衡量其他待测物质化学量的标准物质。我国习惯将 IUPAC 的 C 级和 D 级标准试剂称为基准试剂和滴定分析标准试剂。标准试剂一般由大型试剂厂生产,并严格按照国家标准进行检验,标签使用浅绿色。主要国产标准试剂的种类和用途如表 1-2 所示。

表 1-2　主要国产标准试剂等级和用途

类别	相当于 IUPAC 的级别	用途
滴定分析第一基准	C	滴定分析工作基准试剂的定值
滴定分析工作基准	D	滴定分析标准溶液的定值
滴定分析标准溶液	E	滴定分析测定物质的含量

类别	相当于 IUPAC 的级别	用途
一级 pH 基准试剂	C	高精度 pH 计的校准
pH 基准试剂	D	pH 计的校准
气相色谱分析标准		气相色谱分析的标准
农药分析标准		农药分析
有机元素分析标准	E	有机物元素分析

1.5.2　一般试剂

一般试剂指实验室普遍使用的试剂。我国的化学试剂一般分为四个等级,其中四级应用较少。此外还有生化试剂。一般试剂的分级、标志、标签颜色及主要用途列于表 1 - 3 中。表中标签颜色为国标《化学试剂包装及标志》(GB 15346—2012)所规定。

表 1 - 3　试剂规格和适用范围

级别	英文名称	英文符号	标签颜色
优级纯	guarante reagent	GR	深绿色
分析纯	analytical reagent	AR	金光红色
化学纯	chemical pure	CP	中蓝色
基准试剂	standard reagent	SR	深绿色
生物染色试剂	dye reagent	DR	玫红色

1.5.3　高纯试剂

高纯试剂是纯度远高于优级纯的试剂,是为专门的使用目的而用特殊方法生产的纯度最高的试剂。纯度为 4 个 9(99.99%)的高纯试剂简写为 4N。高纯试剂一般不用于标准溶液的配制,主要用于微量或痕量分析中试样的分解和试液的制备。

1.6　化学试剂的使用和存放

1.6.1　根据实验要求选择合适规格的化学试剂

分析实验中应结合实验要求,根据所做实验的具体情况(如分析对象的含量、分析方法的灵敏度与选择性及对分析结果准确度的要求等),合理地选用相应级

别和规格的试剂。一般情况下,选择合适规格试剂的原则为:

(1)滴定分析中一般使用分析纯试剂。

(2)仪器分析实验中一般使用优级纯、分析纯或专用试剂,痕量分析时多选择高纯试剂。

(3)由于高纯试剂和基准试剂的价格比一般试剂高,因此,在能满足实验要求的前提下,选用试剂的级别应尽可能低。

1.6.2　化学试剂的取用

取用化学试剂时,首先要做到"三不",即不能用手接触药品,不可直接闻气味,不得品尝任何药品的味道。注意节约药品,按规定取用,不要多取。注意试剂瓶塞或瓶盖要倒置于实验台面上。取用后立即塞紧盖好。有毒试剂的取用必须在教师指导下进行。

固体试剂的取用:一般用洁净干燥的药匙取用,并尽量送入容器底部。取用试剂后的镊子或药匙务必擦拭干净、不留残物。不能一匙多用。

试液的取用:从试剂瓶中取试液时,把试剂瓶上贴有标签的一面握在手心,将容器倾斜,使得瓶口与容器口相接触,倾斜试剂瓶倒出液体。或沿着洁净的玻璃棒将液体试剂引流入容量瓶或其他玻璃器皿中。

1.7　药品的称量和标准溶液的配制

1.7.1　药品的称量

称量药品时需要用到天平(balance;scales)。分析化学实验中常用到两种天平,即托盘天平(也叫架盘天平)和万分之一电子天平(见图 1-3)。

托盘天平由底座、托盘架、托盘、标尺、平衡螺母、指针、分度盘、游码等组成。分度值一般为 0.1 g 或 0.2 g,托盘天平的精确度不高,一般在称量较大质量的药品或者粗配溶液时使用托盘天平。

使用托盘天平称量药品时:

(1)要将天平放置在水平地方,将游码归零。

(2)称量时注意不能将药品直接放在托盘上,应将称量物放在玻璃器皿或称量纸上,在天平上先称出玻璃器皿或纸片的质量,然后放上待测物进行称量。称量干燥的固体药品用称量纸。称量易潮解的药品,必须放在玻璃器皿上(如小烧杯、表面皿)里称量。

(3)称量时在左托盘放称量物,右托盘放砝码(左物右码)。

(4)取用砝码必须用镊子轻拿轻放,取下的砝码应放在砝码盒中。

万分之一电子天平用来准确称量一定质量的药品,精度可达到 0.0001 g。称

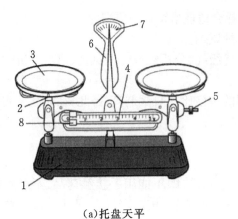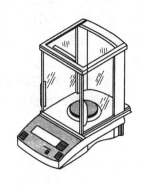

（a）托盘天平　　　　　　　　　　（b）万分之一电子天平

1—底座；2—托盘架；3—托盘；
4—标尺；5—平衡螺母；6—指针
7—分度盘；8—游码

图 1-3　天平

量时先调零点，然后根据称量物的不同性质，可放在纸片、表面皿或称量瓶内进行称量。不能用电子天平称超过天平最大载重量的物体。

1.7.2　标准溶液的配制

标准溶液的配制方法分为直接法和间接法。当化学药品为基准物质时，可用直接法配制准确浓度的标准溶液，如 0.1000 mol/L Na$_2$CO$_3$ 溶液的配制。当化学药品为非基准物质时，则需先用间接法配制近似浓度的标准溶液后，再进行标定。如配制 0.1 mol/L NaOH 溶液，或者 0.1 mol/L HCl 溶液，都需要用间接法配制。

直接法配制标准溶液的步骤：用万分之一电子天平准确称量一定质量的药品（精确至 0.001 g）—将称好的药品转移至烧杯中，加入少量的纯水溶解（可用玻璃棒搅拌）—将溶解好的药品移至容量瓶或量筒中，用纯水将烧杯润洗 2~3 次，也转移到容量瓶或量筒中，加纯水至刻度准确定容—摇匀（摇匀时右手压住容量瓶瓶塞，左手托住瓶底，将容量瓶旋转 180 度，振摇）—将配好的溶液转移至试剂瓶中，在试剂瓶上贴上标签。标签上标明溶液的浓度、化学式、配制时间等。

间接法配制标准溶液的步骤：称量一定质量的药品—将称好的药品转移至烧杯中，加入少量的纯水溶解（可用玻璃棒搅拌）—将溶解好的药品移至容量瓶或量筒中，用纯水润洗烧杯 2~3 次，也转移到容量瓶或量筒中，加纯水至刻度定容—摇匀—用基准试剂或已知准确浓度的标准溶液标定—将配好的溶液转移至试剂瓶中，在试剂瓶上贴上标签。标签上标明溶液的化学式、浓度、配制时间等。

1.8　实验数据的记录、处理及实验报告的撰写

1.8.1　实验数据的记录

实验过程中需如实记录观察或者测到的数据。如称量的药品质量、移取的液体体积、滴定分析中消耗的滴定剂体积、光度法中测得的物质的吸光度、溶液的 pH 值等。实验数据应直接记录在实验记录本上，不允许随意更改或删减。一般情况下，使用表格记录原始数据。表格上方要写明实验名称或实验记录内容。表头要注明实验次数（一般需进行三次平行实验）、数据名称和单位（见表 1-4）。实验结束后，将实验数据报指导老师检查并签字后方可离开实验室。

记录测定结果时，根据仪器的精度，保留一位可疑数字。例如：用移液管准确移取 50 mL 液体时，记录为 50.00 mL；用万分之一电子天平称量 5 g Na_2CO_3 药品时，记录为 5.0000 g；滴定管读数的记录为 0.01 mL。

表 1-4　HCl 标准溶液的标定　　　　　　　年　　月　　日

项目　　　　　　测定次数	Ⅰ	Ⅱ	Ⅲ
碳酸钠质量/g	0.5281	0.5056	0.5102
HCl 开始读数/mL	0.00	0.00	0.00
HCl 最后读数/mL	25.01	23.88	24.21
$c_{HCl}/(mol/L)$			

1.8.2　实验数据的处理

首先列出计算所用的公式，根据"先计算，再平均"的原则将原始数据代入公式中进行计算后，求取三次测定结果的平均值（$\bar{x}$），并计算其相对标准偏差（RSD），最终结果以"$\bar{x} \pm RSD$"的形式给出。注意实验结果有效数字的保留，要根据分析化学课程中讲述的"有效数据的计算及修约规则"保留正确位数的有效数字。

如表 1-4"HCl 标准溶液的标定"中计算盐酸溶液的浓度时，实验数据的处理过程为

$$c_{(HCl,mol/L)} = \frac{m_{Na_2CO_3}}{53.0 \times V_{HCl}} \times 1000$$

$$c_1 = \frac{0.5281}{53.0 \times 25.01} \times 1000 = 0.3984(mol/L)$$

$$c_2 = \frac{0.5056}{53.0 \times 23.88} \times 1000 = 0.3995(\text{mol/L})$$

$$c_3 = \frac{0.5102}{53.0 \times 24.21} \times 1000 = 0.3976(\text{mol/L})$$

$$\bar{c} = \frac{0.3984 + 0.3995 + 0.3976}{3} = 0.3985(\text{mol/L})$$

$$\text{RSD} = \frac{\sqrt{\dfrac{\sum\limits_{i=1}^{3}(x_i - \bar{x})^2}{n-1}}}{\bar{x}} \times 100$$

$$\text{RSD} = \frac{\sqrt{\dfrac{(0.3984 - 0.3985)^2 + (0.3995 - 0.3985)^2 + (0.3976 - 0.3985)^2}{3-1}}}{\bar{x}} = 0.2394$$

HCl 溶液的浓度为: 0.3985 ± 0.2394

1.8.3 实验报告的撰写方法

（1）报告册封皮。在实验报告册封皮上准确写下实验科目（如分析化学实验）、实验指导教师姓名、实验时间、同组人员等信息。必要时记录天气、气温、湿度等信息。

（2）实验名称。准确、完整书写实验名称。

（3）实验目的。简练描述实验目的。

（4）实验原理。简练描述实验原理，必要时用化学反应方程式结合文字描述。

（5）实验所用仪器和试剂。先介绍实验中所用到的仪器名称、型号、数量和规格，再介绍所用试剂的名称、用量和规格。

（6）实验步骤。实验步骤的撰写要较详细，根据实际进行操作时的顺序按照（1）、（2）、（3）的步骤书写。注意对"量"的描述要准确。如："用移液管移取 50.00 mL（不能写成 50 mL！）待测定水样置于 250 mL 锥形瓶中、用万分之一电子天平称量 0.5000 g（不能写成 0.5 g！）Na_2CO_3 固体粉末放入烧杯中加少量水溶解"等。注意不能全部从实验指导书中抄写。尤其是实际实验中的取样量有变化或实际测定方法或步骤有调整时，一定要根据实际实验内容进行撰写。

（7）原始数据。尽量采用表格形式记录原始数据（见表 1－4），注意原始数据不能随意涂改。记录的数据应有指导老师签名。

（8）数据处理。处理数据时，先列出计算公式，然后再将相应的数据代入公式进行计算。对于平行数据，要按照"先计算，后平均"的方法处理。即将每个平行数据都分别代入公式进行计算，得到三个结果值后，取三个结果值的平均值，计算相对标准偏差（RSD），最终结果以"$\bar{x} \pm \text{RSD}$"的形式给出。

（9）实验结果。以"文字描述结合数据处理结果"的形式给出最终结果。

（10）问题和讨论。结合实际实验操作情况，认真分析实验过程中产生误差的原因。对有关实验内容、实验教学方法等方面提出自己的意见和建议。

1.9　实验考核与成绩评定

分析化学实验的最终成绩包括平时成绩（包括实验预习情况、实验操作水平等）和实验报告成绩。每个实验的评分标准如表 1-5 所示。

表 1-5　分析化学实验报告评分标准（总分为百分制）

项目	成绩/分	项目	成绩/分
课前准备	10	实验态度	5
实验操作	20	安全清洁	5
实验数据	10	实验报告	50

第2章　滴定分析法

2.1　滴定分析法简介

滴定分析法,或称容量分析法,是一种简便、快速且应用广泛的定量分析方法,在常量分析中有较高的准确度。

滴定分析法的一般操作为:准确移取一定体积的带测定溶液放入锥形瓶中,加入少量指示剂摇匀,利用滴定管将一种已知准确浓度的试剂溶液(称为标准溶液)滴加到待测溶液中,边滴定边摇动锥形瓶,直到锥形瓶中溶液的颜色发生改变时停止滴定。然后根据所用滴定剂的浓度和体积即可求得被测组分的含量。滴定分析法适合于常量组分(样品中待测组分含量高于1%)的分析。

根据滴定剂和待测物所发生的化学反应类型的不同,滴定分析法可分为酸碱滴定法、沉淀滴定法、氧化还原滴定法和配位滴定法。这四种滴定分析方法对于环境样品的分析具有十分重要的作用。酸碱滴定法可用于测定水样的酸度、碱度;配位滴定法可用于测定水的硬度。当环境样品中的金属离子浓度较大时,可利用配位滴定法进行测定。氧化还原滴定法可测定水体的溶解氧、高锰酸盐指数、化学需氧量、生物化学需氧量等指标。沉淀滴定法可用于水中余氯的测定等。

2.2　滴定分析装置

滴定分析中常用的装置有滴定管(酸式、碱式)、铁架台、锥形瓶(碘量瓶)、移液管和吸量管等。所用装置如图2-1至图2-6所示。

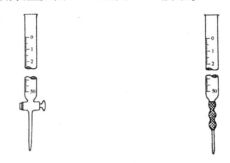

图2-1　酸式滴定管　　　　　　图2-2　碱式滴定管

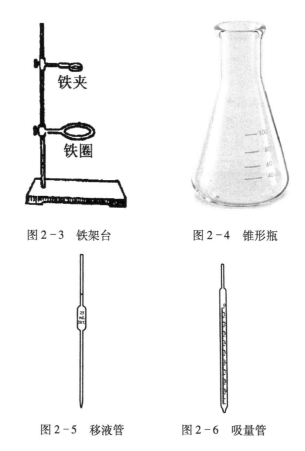

图 2-3　铁架台　　　　　　　　图 2-4　锥形瓶

图 2-5　移液管　　　　　　　　图 2-6　吸量管

2.3　滴定分析的基本操作

2.3.1　滴定管的洗涤

　　滴定管是滴定分析中用来准确测量流出标准溶液(滴定剂)体积的一种量器。常用的滴定管有两种:酸式滴定管和碱式滴定管。酸式滴定管下方为玻璃旋塞开关,用来盛放酸性溶液(各种酸)或氧化性强的溶液(如 $KMnO_4$、I_2 等)。碱式滴定管下方用乳胶管将滴定管主体与尖嘴玻璃管连接起来,乳胶管中部有一玻璃珠,通过挤压玻璃珠可以控制溶液的流出。碱式滴定管用于盛放碱性溶液(如 NaOH等)。

　　滴定管在使用前应进行洗涤。洗涤时先用自来水冲洗,然后用纯水润洗 2~3次,最后用所盛放的溶液润洗 2~3 次。在用待盛放溶液润洗滴定管时,将大约10 mL溶液从滴定管上端口缓缓倒入滴定管中(注意从盛放溶液的试剂瓶直接倒入滴定管中,不能借助漏斗、烧杯或移液管等),两手分别握住滴定管两端,缓慢将滴定管放平,转动滴定管使溶液浸润全部管内壁,再将溶液分别从下端流液口和上端口放出弃去。

2.3.2 使用前检查

使用酸式滴定管前,先检查旋塞转动是否灵活,然后检查是否漏水。检查是否漏水的方法是先将旋塞关闭,在滴定管内充满水,固定在铁架台上,放置 2～3 分钟,观察管口及旋塞两端是否有水渗出;继而再将旋塞转动 180 度,放置 2～3 分钟,看是否有水渗出。若两次均无水渗出,即可正常使用。若有渗水现象或者旋塞转动不灵活,需要将旋塞周围涂上凡士林后再使用。

凡士林的涂法:将酸式滴定管中的水倒掉后平放在试验台上。抽出旋塞,用滤纸将旋塞和旋塞窝槽处的水擦干。用玻璃棒蘸少许凡士林,在旋塞两头均匀地涂上一薄层。注意不要将凡士林油涂到旋塞孔里或者近旁,以免堵住塞孔。涂好后,将旋塞插入旋塞槽中,插时塞孔应与滴定管平行。然后沿同一方向旋转旋塞,直至油膜呈均匀透明状。

对于碱式滴定管,使用前也要将碱式滴定管内注满水,静置 2 分钟,如果不漏水,则挤压乳胶管内的玻璃珠变动其位置后,再静置 2～3 分钟。观察乳胶管附近及管末端是否有水渗出。如果有水漏出,则需更换乳胶管或者适宜大小的玻璃珠。

2.3.3 滴定分析操作

1)滴定剂的装入

先用滴定剂润洗已经洗干净的滴定管 2～3 次,然后将滴定剂直接从试剂瓶中倒入滴定管中,不能使用其他容器(如烧杯、漏斗、移液管)等进行转移。将滴定剂加至高出"0"刻度线。

2)滴定管排气泡

灌满溶液后,应检查滴定管下方出口段是否留有气泡。对于酸式滴定管,可迅速转动旋塞,使溶液快速冲出,将气泡带走;对于碱式滴定管,右手拿住滴定管上端使其倾斜一定角度,左手捏挤滴定管玻璃珠部位,并使乳胶管上翘,同时挤压乳胶管,使滴定剂急速喷出的同时赶出气泡。

排出气泡后,调节液面至"0"刻度处,进行滴定。

3)滴定分析操作

滴定时,将滴定管垂直夹在铁架台上,在铁架台下方衬一张白纸。使用酸式滴定管时,左手控制滴定管的旋塞,拇指在前,食指和中指在后,手指微微弯曲,轻轻向内扣住旋塞。注意不要用手心顶着旋塞,防止旋塞松动漏液。右手握住锥形瓶瓶颈,一边滴定,一边摇动锥形瓶,使瓶内溶液混合均匀。滴定过程中左手不要离开瓶塞,以便根据溶液颜色变化情况随时调整滴定速度。滴定开始时速度可快些,但是滴定剂下落的速度应"成点不成线"。接近终点时滴定速度要放慢。应控制旋塞,使得滴定剂一滴或半滴地加入至锥形瓶中。滴一滴,摇几下,并用洗瓶吹入少量纯水洗锥形瓶内壁,使附着的溶液全部流下,直到溶液颜色发生明显的变化,振摇后半分钟不褪色时,左手迅速关闭旋塞,停止滴定。

使用碱式滴定管时,左手拇指在前,食指在后,其余三指与食指并拢,夹住乳胶管。用拇指与食指的指尖轻轻挤压玻璃珠右侧的乳胶管,使乳胶管与玻璃珠之间形成一小缝隙,溶液即可流出。注意不要使玻璃珠上下移动,也不要挤压玻璃珠下部乳胶管。停止滴定时,先松开拇指和食指,再松开其余三个手指。

　　4)滴定管读数

到达滴定终点时,停止操作,静置 1 分钟后再进行读数。读数时,可使滴定管垂直固定在滴定管架上,也可将滴定管从滴定管架上取下,用一只手的拇指和食指捏住滴定管上部无刻度处,使滴定管保持自然垂直,使眼睛视线平视斜面的弯月面下缘最低点。读数时,应估读到 0.01 mL。

2.4　滴定分析实验

实验一　酸碱滴定法——水样酸度的测定

酸度(acidity)指水中能与强碱发生中和作用的物质总量,包括无机酸、有机酸、强酸弱碱盐[如 $FeCl_3$、$Al_2(SO_4)_3$]等。酸度的数值越大说明溶液酸性越强。酸度可分为无机酸度、游离 CO_2 酸度和总酸度。无机酸度指以甲基橙(变色 pH≈4.3)为指示剂测得的酸度;游离 CO_2 酸度是指以酚酞(变色 pH≈8.3)为指示剂测得的酸度;总酸度指用强碱将水样滴定至 pH≈10.8 时所测得的酸度。

一、实验目的

(1)了解酸度的基本概念。
(2)掌握 NaOH 标准溶液的配制与标定方法。
(3)掌握滴定操作。
(4)了解水样酸度的测定方法。

二、实验原理

酸度是指水中的酸性物质(无机酸类、硫酸亚铁和硫酸铝等)产生的氢离子,与强碱标准溶液作用至一定 pH 值所消耗强碱的量。根据测定酸度时所用指示剂的不同而指示的终点 pH 不同,分为酚酞酸度和甲基橙酸度。用氢氧化钠溶液滴定至 pH 值为 8.3 的酸度,称为"酚酞酸度",又称总酸度,它包括强酸和弱酸。以甲基橙为指示剂,用氢氧化钠标准溶液滴定至 pH 值为 3.7 的酸度,称为"甲基橙酸度",代表一些较强的酸。

一般用 NaOH 标准溶液作为滴定剂进行酸度的测定。NaOH 标准溶液用间接法配制,一般多以酚酞为指示剂,用邻苯二甲酸氢钾基准物质进行标定,也可用草酸进行标定。

三、实验仪器和设备

(1)万分之一电子天平。

(2)25 mL 碱式滴定管、250 mL 锥形瓶、移液管、烧杯等。

四、试剂

(1)无二氧化碳水:pH 值不低于 6.0 的蒸馏水。如蒸馏水 pH 较低,应煮沸 15 分钟,加盖冷却至室温。

(2)酚酞指示剂:称取 0.5 g 酚酞,溶于 50 mL 95% 乙醇中,再加入 50 mL 水。

(3)甲基橙指示剂:称取 0.1 g 甲基橙,溶于 100 mL 水中。

(4)邻苯二甲酸氢钾,优级纯。

(5)氢氧化钠,分析纯。

五、实验步骤

1. 0.1 mol/L 氢氧化钠标准溶液的配制及标定

(1)配制:称取 2 g 氢氧化钠固体溶于 50 mL 无二氧化碳水中,将溶液倾入另一清洁塑料试剂瓶中,用无二氧化碳水稀释至 500 mL,充分摇匀,贴好标签。

(2)标定:称取在 105 ~ 110℃ 条件下干燥过的基准试剂级苯二甲酸氢钾($KHC_8H_4O_4$)三份,每份重约 0.5 g(称准至 0.0001 g),置于 250 mL 锥形瓶中,各加 100 mL 无二氧化碳水,温热使之溶解,冷却。加入 4 滴酚酞指示剂,用欲标定的 0.1 mol/L 氢氧化钠溶液滴定,直到溶液在摇动后半分钟内仍保持浅红色即为终点。同时用无二氧化碳水做空白滴定。将称量和标定数据记于表 2 - 1 中。

按下式计算 NaOH 标准溶液的浓度

$$c_{(NaOH, mol/L)} = \frac{m \times 1000}{(V_1 - V_0) \times 204.23}$$

式中:m——苯二甲酸氢钾($KHC_8H_4O_4$)的质量,g;

V_0——滴定空白时,所耗 NaOH 标准溶液体积,mL;

V_1——滴定苯二甲酸氢钾时,所耗 NaOH 标准溶液的体积,mL;

204.23——苯二甲酸氢钾($KHC_8H_4O_4$)的摩尔质量,g/mol。

2. 水样酸度的测定

(1)用移液管准确移取适量水样置于 250 mL 锥形瓶中(如移取的量低于 100 mL,则需用无二氧化碳水稀释至 100 mL),瓶下放一白瓷板,向锥形瓶中加入 2 滴甲基橙指示剂,用氢氧化钠标准溶液滴定至溶液由橙红色变为桔黄色为终点,记录氢氧化钠标准溶液用量(V_1)。对水样做连续 3 次的平行测定。

(2)另取 3 份平行水样于 250 mL 锥形瓶中(如移取的量低于 100 mL,则需用无二氧化碳水稀释至 100 mL),加入 4 滴酚酞指示剂,用氢氧化钠标准溶液滴定至溶液刚变为浅红色为终点,记录用量(V_2)。将数据记于表 2-2 中。

六、原始数据记录

表 2-1　NaOH 标准溶液的标定　　　　　年　月　日

项目 ＼ 次数	Ⅰ	Ⅱ	Ⅲ
邻苯二甲酸氢钾/g			
$V_{(NaOH)}$/mL			
$c_{(NaOH)}$(mol/L)			

表 2-2　水样酸度的测定　　　　　年　月　日

项目 ＼ 次数	Ⅰ	Ⅱ	Ⅲ
甲基橙酸度消耗的 NaOH 体积/mL			
甲基橙酸度(CaCO₃, mg/L)			
酚酞酸度消耗的 NaOH 体积/mL			
酚酞酸度(CaCO₃, mg/L)			

七、结果计算

$$甲基橙酸度(CaCO_3,mg/L) = \frac{cV_1 \times 50.05 \times 1000}{V}$$

$$酚酞酸度(总酸度 CaCO_3,mg/L) = \frac{cV_2 \times 50.05 \times 1000}{V}$$

式中:c——氢氧化钠标准溶液浓度(mol/L);

V_1——用甲基橙作滴定指示剂时,消耗氢氧化钠标准溶液的体积,mL;

V_2——用酚酞作滴定指示剂时,消耗氢氧化钠标准溶液的体积,mL;

V——水样体积,mL;

50.05——碳酸钙($1/2CaCO_3$)摩尔质量,g/mol。

八、干扰及消除

(1)对酸度产生影响的溶解气体(如 CO_2、H_2S、NH_3),在取样、保存或滴定时,都可能干扰测定。因此,在打开试样容器后,要迅速滴定到终点,防止干扰气体溶入试样。为了防止 CO_2 等溶解气体损失,在采样后,要避免剧烈摇动,并要尽快分析,否则要在低温下保存。

(2)含有三价铁和二价铁、锰、铝等可氧化或易水解的离子时,在常温滴定时会使反应速率变慢且生成沉淀,导致终点时指示剂褪色。遇此情况,应在加热后进行滴定。

(3)水样中的游离氯会使甲基橙指示剂褪色,可在滴定前加入少量 0.1 mol/L 硫代硫酸钠溶液去除。

(4)对有色或浑浊的水样,可用无二氧化碳水稀释后滴定,或选用电位滴定法进行测定。

九、注意事项

(1)采集的水样用聚乙烯瓶或硅硼玻璃瓶贮存。并要使水样充满不留空间,盖紧瓶盖。若为废水样品,接触空气易引起微生物活动,容易减少或增加二氧化碳及其他气体,应尽快测定。

(2)废水样取用体积,参考滴定时所消耗氢氧化钠标准溶液用量,取 10 mL 或者 25 mL 为宜。

十、思考题

(1)在配制 NaOH 标准溶液时,用托盘天平粗称 2 gNaOH 固体进行配制,这样做是否会使得配制的溶液不准确?为什么?

(2)在向碱式滴定管中装入 NaOH 标准溶液时,为什么要以该溶液润洗滴定管 3 次?滴定用的锥形瓶是否需要用待测水样润洗?为什么?

(3)用邻苯二甲酸氢钾标定 NaOH 溶液时,能否用甲基橙作指示剂?为什么?

(4)为什么用甲基橙作指示剂时,测得的酸度只能代表强酸酸度?

(5)什么是平行样?为什么测定时要进行 3 次的平行测定?

(6)作为标定的基准物质应满足哪些条件?

(7)测定结果的有效数字应如何保留?

实验二　酸碱滴定法——水样碱度的测定

水的碱度(alkalinity)是指水中所含能与强酸定量作用的物质总量,包括水样中存在的碳酸盐、重碳酸盐及氢氧化物等。碱度的测定值因使用的指示剂不同而有很大的差异。

一、实验目的

(1)了解碱度的基本概念。
(2)掌握 HCl 标准溶液的配制与标定方法。
(3)掌握滴定操作。
(4)了解水样碱度的测定方法。

二、实验原理

碱度可用盐酸标准溶液进行滴定,用酚酞和甲基橙作指示剂。根据滴定水样所消耗的盐酸标准溶液的用量,即可计算出水样的碱度。其反应如下。

酚酞指示下述两步反应:

$$OH^- + H^+ \Longrightarrow H_2O \qquad 终点变色时 pH = 7.0$$

$$CO_3^{2-} + H^+ \Longrightarrow HCO_3^- \qquad 终点变色时 pH \approx 8.3$$

甲基橙指示下述两步反应:

$$HCO_3^- + H^+ \Longrightarrow H_2CO_3 \qquad 终点变色时 pH \approx 3.89$$

根据用去盐酸标准溶液的体积,可以计算各种碱度。若单独使用甲基橙为指示剂,测得的碱度为总碱度。

碱度单位常用 $CaCO_3$ 的 mg/L 表示,此时,1 mg/L 的碱度相当于 50 mg/L 的碳酸钙。

用间接法配制盐酸标准溶液,用甲基橙作指示剂,用碳酸钠进行标定。

三、实验仪器和设备

(1)万分之一电子天平。
(2)50 mL 酸式滴定管、250 mL 锥形瓶、移液管、烧杯等。

四、试剂

(1)无二氧化碳水:pH 值不低于 6.0 的蒸馏水。如蒸馏水 pH 较低,应煮沸 15 分钟,加盖冷却至室温。
(2)酚酞指示剂:称取 0.5 g 酚酞,溶于 50 mL95% 乙醇中,再加入 50 mL 水。

（3）甲基橙指示剂:称取 0.1 g 甲基橙,溶于 100 mL 水中。

（4）无水碳酸钠,优级纯。

（5）浓 HCl 分析纯。

五、实验步骤

1. 0.1 mol/L 盐酸标准溶液的配制及标定

（1）配制:用清洁量筒量取浓盐酸(相对密度 1.19)4.3 mL,倒入清洁的试剂瓶(或者大量筒)中,用无二氧化碳水稀释至 500 mL,盖住瓶口,摇匀,贴好标签。

（2）标定:称取在 105~110℃条件下干燥过的基准试剂级碳酸钠 3 份,每份重约 0.15 g(称准至 0.0001 g),置于 250 mL 锥形瓶中,各加 50 mL 无二氧化碳水,摇动使之溶解。加入 2~3 滴甲基橙指示剂,用欲标定的 HCl 溶液慢慢滴定,直到锥形瓶中的溶液由黄色转变为橙色时即为终点,读取读数。用同样方法滴定另外两份 Na_2CO_3,将称量和标定数据记于表 2-3 中。

按下式计算 HCl 标准溶液的浓度

$$c_{(HCl, mol/L)} = \frac{m \times 1000}{53.00 \times V_{HCl}}$$

式中:m——碳酸钠的质量,g;

V_{HCl}——滴定碳酸钠时,所耗 HCl 标准溶液的体积,mL;

53.00——以($1/2Na_2CO_3$)为基本单元的碳酸钠摩尔质量,g/mol。

2. 水样碱度的测定

（1）用移液管准确移取 3 份 100.00 mL 水样分别置于 250 mL 锥形瓶中,瓶下放一白瓷板,向每个锥形瓶中分别加入 4 滴酚酞指示剂,摇匀。若溶液呈红色,用盐酸标准溶液滴定至刚刚褪至无色,记录盐酸标准溶液用量(P),若加酚酞指示剂后溶液无色,则不需要用盐酸标准溶液滴定。并接着进行以下操作。

（2）向上述每个锥形瓶中分别加入 3 滴甲基橙指示剂,摇匀。继续用盐酸标准溶液滴定至溶液由桔黄色刚刚变为橘红色为止,记录盐酸标准溶液的用量(M)。

将数据记于表 2-4 中。

根据 P、M 的关系,判断水中碱度的类型,并分别计算碱度的含量。

六、原始数据记录

表 2-3　HCl 标准溶液的标定　　　　　　　年　月　日

项目　　　　次数	I	II	III
碳酸钠/g			
$V_{(HCl)}$/mL			
$c_{(HCl)}$(mol/L)			

表 2-4　水样碱度的测定　　　　　　　年　月　日

项目　　　　次数	I	II	III
P/mL			
M/mL			
碱度($CaCO_3$, mg/L)			

七、结果计算

(1)根据 P、M 的关系,判断水中碱度的类型。

$$(2)总碱度(CaCO_3, mg/L) = \frac{\frac{1}{2}(P+M)c_{(HCl)} \times 50.05 \times 1000}{V}$$

式中:$c_{(HCl)}$——盐酸标准溶液浓度(mol/L);

　　　P——用酚酞作滴定指示剂时,消耗盐酸标准溶液的体积,mL;

　　　M——用甲基橙作滴定指示剂时,消耗盐酸标准溶液的体积,mL;

　　　V——水样体积,mL;

　　　50.05——碳酸钙(1/2$CaCO_3$)摩尔质量,g/mol。

八、注意事项

(1)当水样中总碱度小于 20 mg/L 时,可改用 0.01mol/L 盐酸标准溶液滴定,以提高测定精度。

(2)对有色或浑浊的水样,可用无二氧化碳水稀释后滴定,或选用电位滴定法进行测定。

九、思考题

（1）为什么 HCl 和 NaOH 标准溶液一般都用间接法配制，而不用直接法配制？

（2）用碳酸钠标定 HCl 溶液时，能否用酚酞作指示剂？

（3）为什么用酚酞作指示剂测得的碱度不是总碱度？

（4）如果只需要知道总碱度的大小，应如何进行测定？

实验三　配位滴定法——水样硬度的测定

水的硬度（water hardness）是指水中钙、镁离子的总量。水的硬度分为暂时硬度和永久硬度。暂时硬度是指通过加热可以除去的硬度，主要指钙、镁离子的碳酸氢盐。永久硬度是指不可通过加热除去的硬度，主要指水中含有钙、镁的硫酸盐、氯化物、硝酸盐等。硬度的表示方法有多种，我国一般用 CaO 的 mg/L 或者 $CaCO_3$ 的 mg/L 表示。国家《生活饮用水卫生标准》规定，生活饮用水的总硬度（以 $CaCO_3$ 计）限值为 450 mg/L。

一、实验目的

（1）了解暂时硬度、永久硬度、总硬度等基本概念。

（2）了解硬度的测定意义和硬度表示方法。

（3）掌握 EDTA 标准溶液的配制与标定方法。

（4）掌握 EDTA 法测定硬度的原理和方法。

二、实验原理

在 pH = 10 条件下，向待测定水样中加入的少量铬黑 T 指示剂可与水中的部分钙、镁离子发生配位反应，生成酒红色的（钙、镁—铬黑 T）配合物。用 EDTA 标准溶液对水样进行滴定，滴定剂 EDTA 首先与游离的钙、镁离子发生配位反应，生成无色可溶性配合物（钙、镁—EDTA）。到达化学计量点附近时，水样中游离的钙、镁离子已全部与 EDTA 配合，继续加入的 EDTA 标准溶液夺取被铬黑 T 络合的钙、镁离子，而使铬黑 T 游离出来，溶液由酒红色变成蓝色，即为滴定终点。

三、实验仪器和设备

（1）万分之一电子天平。

（2）50 mL 酸式滴定管；250 mL 锥形瓶；移液管；烧杯；等。

四、试剂

（1）pH = 10 的 NH_3—NH_4Cl 缓冲溶液。配制法如下：

①称取 1.25 g EDTA 二钠镁和 16.9 g 氯化铵溶于 143 mL 氨水中,用水稀释至 250 mL。配好的溶液应按下面②中所述方法进行检查和调整。

②如无 EDTA 二钠镁,可先将 16.9 g 氯化铵溶于 143 mL 氨水中。另取 0.78 g 硫酸镁($MgSO_4 \cdot 7H_2O$)和 1.17 g 二水合 EDTA 二钠溶于 50 mL 水,加入 2 mL 配好的氯化铵–氨水溶液和 0.2 g 铬黑 T 指示剂干粉。此时溶液应显酒红色,如出现蓝色,应再加入极少量硫酸镁使其变为酒红色。逐滴加入 EDTA 二钠溶液,直至溶液由酒红色转变为蓝色为止(切勿过量)。将两液合并,加蒸馏水至 250 mL。如果合并后溶液又转为酒红色,在计算结果时应作空白校正。

(2)铬黑 T 指示剂:称取 0.5 g 铬黑 T 和 100 g 氯化钠,研磨均匀,贮于棕色瓶内,密塞备用。

(3)10% 氢氧化钠溶液:盛放在聚乙烯瓶中。

(4)4 mol/L 盐酸溶液。

(5)0.1% 甲基红指示剂。

(6)3 mol/L 氨水。

(7)0.0100 mol/L 钙标准溶液。准确称取预先在 150 ℃干燥 2 小时并冷却的碳酸钙 1.0010 g,置于 500 mL 锥形瓶中,用水浸湿,逐滴加入 4 mol/L 盐酸至碳酸钙全部溶解。加 200 mL 水,煮沸数分钟驱除二氧化碳,冷至室温,加入数滴甲基红指示剂。逐滴加入 3 mol/L 氨水直至变为橙黄色,移入容量瓶中定容至 1000 mL。

(8)浓度约为 0.010 mol/L 的 EDTA 标准溶液:

①配制:称取二水合 EDTA 二钠 3.7 g 溶于约 300 mL 的温水中(常温下溶解速度较慢),冷却,用去离子水稀释至 1000 mL,摇匀,贴上标签。如需保存则存放在聚乙烯瓶中。

②标定:准确移取 20.00 mL 钙标准溶液于 250 mL 锥形瓶中,加水稀释至 50 mL,加入 4 mL NH_3-NH_4Cl 缓冲溶液(控制溶液 pH 值在 10 左右),加入少许(50～100 mg)铬黑 T 指示剂干粉,混匀,立即用 EDTA 标准溶液滴定,开始滴定时速度可稍快,接近终点时宜稍慢,并充分摇动,至溶液酒红色消失而刚刚出现亮蓝色即为终点。

③EDTA 浓度的计算:EDTA 溶液浓度(c_1),以 mol/L 表示,按下式计算 EDTA 的准确浓度 c_1

$$c_1 = \frac{c_2 \times V_2}{V_1}$$

式中:c_2——钙标准溶液浓度,0.0100 mol/L;

　　V_2——钙标准溶液体积,mL;

　　V_1——消耗的 EDTA 溶液体积,mL。

五、实验步骤

用移液管准确移取 100.00 mL 自来水样或者澄清配制水样于 250 mL 锥形瓶中,加入 5 mL NH$_3$-NH$_4$Cl 缓冲溶液,加入少许(约 50～100 mg)铬黑 T 指示剂干粉,摇匀,立即用 EDTA 标准溶液滴定,滴定开始时速度可稍快,接近终点时速度变缓,每滴入 1 滴 EDTA,即充分摇动锥形瓶,当溶液颜色由酒红色变为亮蓝色时,立即停止滴定。记录 EDTA 的用量 V_3,平行测定 3 次。

本法测定的硬度是 Ca^{2+}、Mg^{2+} 总量,并折合成 CaCO$_3$ 计算。

六、原始数据记录

将相关数据分别记录于表 2-5、表 2-6 中。

表 2-5　EDTA 标准溶液的标定

　　　　　　　　　　　　　　　　　　　　　　　　　　　年　　月　　日

次数 项目	I	II	III
V_{EDTA}/mL			
c_{EDTA}(mol/L)			

表 2-6　水样硬度的测定　　　　　　　年　　月　　日

次数 项目	I	II	III
V_{EDTA}/mL			
总硬度(CaCO$_3$, mg/L)			

七、结果计算

$$总硬度(CaCO_3, mg/L) = \frac{c_1 \times V_3 \times 100.09 \times 1000}{V_{水样}}$$

式中: c_1 ——EDTA 标准溶液物质的量浓度,mol/L;

　　　V_3 ——滴定水样时消耗 EDTA 标准溶液体积,mL;

　　　$V_{水样}$ ——水样体积,mL。

八、干扰及消除

(1)水样中含铁、铝离子,且铁、铝浓度小于 30 mg/L 时,可在滴定前向水样中加入三乙醇胺掩蔽铁、铝离子。

（2）试样中含正磷酸盐超出 1 mg/L 时，在滴定条件下可使钙生成沉淀。如果滴定速度太慢，或钙含量超出 100 mg/L 会析出沉淀。

九、注意事项

（1）若 NH_3-NH_4Cl 缓冲溶液放置时间过长或者密封不好，其中的氨气容易挥发减少，这样会使测定水样时的 pH 值调节不正确，影响滴定反应的正常进行，使结果偏低。

（2）滴定至终点附近时，每滴入 1 滴 EDTA 滴定剂，即充分摇动锥形瓶，使滴入的 EDTA 与水样充分混合发生反应。

十、思考题

（1）如果仅需要测定水中的钙离子浓度，应该如何测定？

（2）测定水的总硬度时，为什么要加入 NH_3-NH_4Cl 缓冲溶液将水样的 pH 控制在 10 左右？

（3）用 EDTA 法测定水的总硬度时，哪些离子的存在会造成干扰？如何消除？

（4）铬黑 T 指示剂的作用原理是什么？

（5）EDTA 标准溶液欲长期保存时，应储存于何种容器中？为什么？

实验四　配位滴定法——铅、铋混合液中铋、铅的连续测定

Bi^{3+}、Pb^{2+} 均能与 EDTA 形成稳定的配合物，但它们与 EDTA 形成的配合物稳定常数差别很大（$lgK_{BiY} = 27.94$，$lgK_{PbY} = 18.04$），符合混合离子分步滴定条件（$\Delta lgK \geq 6$），因此可以通过控制不同的滴定酸度在同一份试液中分别对 Bi^{3+}、Pb^{2+} 进行滴定。

一、实验目的

（1）了解用配位滴定法对金属离子进行分步滴定时所需条件。

（2）掌握利用控制酸度法分步滴定金属离子时的方法和原理。

（3）了解二甲酚橙（XO）指示剂的使用条件和其在终点时的变色情况。

二、实验原理

测定时，先利用 HNO_3 调节溶液的酸度至 pH = 1，以二甲酚橙为指示剂，用 ED-TA 作为滴定剂对 Bi^{3+} 进行滴定，溶液由紫红色变为亮黄色即为终点。然后继续向溶液中加入六亚甲基四胺缓冲剂，控制溶液 pH 值为 5~6，此时溶液再次呈现紫

红色,再以 EDTA 溶液继续滴定 Pb^{2+},当溶液由紫红色变为亮黄色时即为滴定终点。

三、实验仪器和设备

(1)万分之一电子天平。

(2)50 mL 酸式滴定管;250 mL 锥形瓶;移液管;烧杯;等。

四、试剂

(1)0.01 mol/L EDTA 标准溶液(配制方法见实验三)。

(2)0.2% 二甲酚橙指示剂。

(3)20% 六亚甲基四胺溶液。

(4)0.1 mol/L HNO_3 溶液。

(5)精密 pH 试纸(pH 值为 0.5~5)。

(6) Bi^{3+}、Pb^{2+} 混合溶液:含 Bi^{3+}、Pb^{2+} 各约 0.01 mol/L。称取 4.8 g $Bi(NO_3)_3$、3.3g$Pb(NO_3)_2$,移入含有 10 mL 浓 HNO_3 的烧杯中,微热溶解后稀释至 1000 mL。

五、实验步骤

1. EDTA 标准溶液的标定

按实验三的方法进行。

2. Bi^{3+} - Pb^{2+} 的连续滴定

准确移取 25.00 mL Bi^{3+}、Pb^{2+} 混合液于锥形瓶中,加入 0.1 mol/L HNO_3 溶液 10 mL(用 pH 精密试纸测定此时溶液的 pH 应为 1),加入 2 滴二甲酚橙指示剂,摇匀,用 EDTA 标准溶液滴定溶液由紫红色变为亮黄色即为第一个终点。由于 Bi^{3+} 与 EDTA 的反应速度较慢,故临近终点时滴定速度不宜过快,应用力振荡溶液使反应均匀。记录用去的 EDTA 体积 V_{Bi}。

向溶液中继续加入 1 滴二甲酚橙指示剂,摇匀,滴加六亚甲基四胺溶液至试液呈稳定的紫红色后再过量加入 5 mL(此时用精密试纸测定溶液的 pH 应为 5~6),继续用 EDTA 溶液滴定至由紫红色变为亮黄色即为第二个终点,记录消耗的 EDTA 体积 V_{Pb}。

进行三次平行测定。

六、原始数据记录

数据记录于表 2-7 中。

项目　　　　次数	I	II	III
V_{Bi} /mL			
V_{Pb} /mL			
c_{Bi}（mol/L）			
c_{Pb}（mol/L）			

表 2－7　铅、铋混合液中铋、铅的连续滴定　　　　年　月　日

七、结果计算

$$c_{Bi^{3+}}(mol/L) = \frac{c_1 \times V_{Bi}}{25.00}$$

$$c_{Pb^{2+}}(mol/L) = \frac{c_1 \times V_{Pb}}{25.00}$$

式中：c_1——EDTA 标准溶液物质的量浓度，mol/L；

　　　V_{Bi}——滴定 Bi^{3+} 时消耗 EDTA 标准溶液体积，mL；

　　　V_{Pb}——滴定 Pb^{2+} 时消耗 EDTA 标准溶液体积，mL；

八、注意事项

（1）Bi^{3+} 极易水解，配制的 Bi^{3+}、Pb^{2+} 混合溶液中，必须有较高的 HNO_3 浓度。

（2）由于 Bi^{3+} 与 EDTA 的反应速度较慢，故临近终点时滴定速度不宜过快，应用力振荡溶液使反应均匀。

（3）六亚甲基四胺有致敏作用，可能具有致癌性，操作时应注意防护，避免接触皮肤和眼睛，防止误服和呼入呼吸道。用后及时密封，储存于阴凉、通风处。

九、思考题

（1）进行 Bi^{3+}、Pb^{2+} 连续滴定时，为什么要先在 pH＝1 时滴定 Bi^{3+}，再调试溶液至 pH 值为 5～6 滴定 Pb^{2+}？

（2）滴定 Bi^{3+} 时，要控制 pH 值约为 1，酸度过高或过低对测定结果有何影响？实验中是如何控制这个酸度的？

（3）滴定 Pb^{2+} 时，要调整 pH 值为 5～6，为什么使用六亚甲基四胺而不用强碱或氨水、乙酸钠等弱碱？

实验五　氧化还原滴定法——高锰酸盐指数的测定

高锰酸盐指数是指在一定条件下，以高锰酸钾（$KMnO_4$）为氧化剂，处理水样

时所消耗的氧化剂的量。表示为单位氧的毫克/升。高锰酸钾法用于测定地表水、饮用水和生活污水,不适用于工业废水。高锰酸盐指数可用于表征较清洁水体受有机物污染的程度。

一、实验目的

(1)了解高锰酸盐指数的含义。
(2)掌握高锰酸钾标准溶液的配制和标定。
(3)掌握高锰酸盐指数测定的方法和原理。

二、实验原理

向水样中加入一定量的 H_2SO_4 和 $KMnO_4$ 溶液,并在沸水浴中加热 30 分钟,某些有机物和无机还原性物质(NO_2^- 、 S^{2-} 、 Fe^{2+} 等)等被 $KMnO_4$ 氧化,然后加入过量的 $Na_2C_2O_4$ 还原剩余的 $KMnO_4$,最后再用 $KMnO_4$ 溶液回滴过量的 $Na_2C_2O_4$,通过计算求出高锰酸盐指数值。

若水样中氯化物浓度高于 300 mg/L,则应在碱性条件下用高锰酸钾氧化有机物,而后在酸性条件下回滴测定水中的高锰酸盐指数。

三、实验仪器和设备

(1)沸水浴装置。
(2)250 mL 锥形瓶。
(3)50 mL 酸式滴定管。
(4)5 mL、10 mL、50 mL 不同规格移液管。
(5)万分之一电子天平。

四、试剂

(1)高锰酸钾储备液(1/5 $KMnO_4$ = 0.1 mol/L)。称取 3.2 g 高锰酸钾溶于 1.2 L 水中,加热煮沸,使体积减少到约 1 L,放置过夜,用玻璃砂芯漏斗过滤后,滤液贮于棕色瓶中保存。

(2)高锰酸钾使用溶液(1/5 $KMnO_4$ = 0.01 mol/L)。吸取 100 mL 上述高锰酸钾溶液,用水稀释至 1000 mL,贮于棕色瓶中。使用当天应进行标定。

(3)(1 + 3)硫酸。向 3 体积纯水中慢慢加入 1 体积浓硫酸,并不断搅动摇匀。

(4)草酸钠储备液(1/2 $Na_2C_2O_4$ = 0.1000 mol/L):称取 0.6705 g 在 105 ~ 110 ℃烘干 1 小时并冷却的草酸钠溶于水,移入 100 mL 容量瓶中,用水稀释至标线。

(5)草酸钠标准使用溶液(1/2 $Na_2C_2O_4$ = 0.0100 mol/L):吸取 10.00 mL 上述草酸钠溶液,移入 100 mL 容量瓶中,用水稀释至标线。

五、实验步骤

(1)分取 100.0 mL 混匀水样(如高锰酸盐指数高于 10 mg/L,则酌情少取,并用水稀释至 100 mL)于 250 mL 锥形瓶中。

(2)加入 5 mL (1+3)硫酸,混匀。

(3)加入 10.00 mL 0.01 mol/L 高锰酸钾溶液,摇匀,立即放入沸水浴中加热 30 分钟(从水浴重新沸腾起计时)。沸水浴液面要高于反应溶液的液面。

(4)取下锥形瓶,趁热加入 10.00 mL 0.0100 mol/L 草酸钠标准使用液,摇匀。立即用 0.01 mol/L 高锰酸钾溶液滴定至显微红色并保持半分钟不褪色,记录高锰酸钾溶液消耗量 V_1。

(5)高锰酸钾溶液浓度的标定:将上述已滴定完毕的溶液加热至约 70℃,准确加入 10.00 mL 草酸钠标准溶液(0.0100 mol/L),再用 0.01 mol/L 高锰酸钾溶液滴定至显微红色并保持半分钟不褪色。记录高锰酸钾溶液的消耗量 V_2,按下式求得高锰酸钾溶液的校正系数(K)

$$K = \frac{10.00}{V_2}$$

式中: V_2——高锰酸钾溶液消耗量(mL)。

六、原始数据记录

进行三次平行测定,数据记录于表 2-8 中。

表 2-8　高锰酸盐指数的测定　　　　　　　　年　月　日

次数 项目	I	II	III
V_1 /mL			
V_2 /mL			

表中: V_1——滴定水样时,高锰酸钾溶液消耗量,mL;

　　　V_2——标定高锰酸钾溶液时,高锰酸钾溶液消耗量,mL。

七、结果计算

$$高锰酸盐指数(O_2, mg/L) = \frac{\left[(10+V_1)K-10\right] \times c \times 8 \times 1000}{100}$$

式中: V_1——滴定水样时,高锰酸钾溶液的消耗量,mL;

　　　K——校正系数;

　　　c——草酸钠标准溶液(1/2 $Na_2C_2O_4$)浓度,mol/L;

8——氧($1/2$ O)摩尔质量,g/mol;

100——所取水样的体积,mL。

八、注意事项

(1)在对地表水样进行测定时,水样采集后,应加入硫酸调节水样的 pH 值为 1~2,以抑制微生物的活动。样品应尽快分析,在 48 小时内测定。

(2)在水浴中加热完毕后,溶液仍应保持淡红色,如变浅或全部褪去,应将水样稀释后再测定,使加热氧化后残留的高锰酸钾为其加入量的 $1/3 \sim 1/2$ 为宜。

(3)在酸性条件下,草酸钠和高锰酸钾反应的温度应保持在 60~80℃,所以滴定操作必须趁热进行,若溶液温度过低,需适当加热。

九、思考题

(1)配制好的 $KMnO_4$ 溶液为什么要装在棕色瓶中放置暗处保存?

(2)用 $Na_2C_2O_4$ 标定 $KMnO_4$ 溶液浓度时,为什么必须在大量 H_2SO_4(可以用 HCl 或 HNO_3 溶液吗?)存在下进行? 酸度过高或过低有无影响? 为什么要加热至 75~85℃后才能滴定? 溶液温度过高或过低有什么影响?

(3)水样加热氧化的时间和温度以及滴定的温度为什么要严格控制?

(4)测定校正系数的意义是什么?

(5)可否在 HCl 介质中进行高锰酸盐指数的测定?

(6)滴定完的溶液放置一段时间后褪色,是否正常? 此时对测定结果有无影响?

实验六　氧化还原滴定法——化学需氧量的测定

化学需氧量(chemical oxygen demand, COD)是指在一定条件下,以重铬酸钾 ($K_2Cr_2O_7$)为氧化剂,处理水样时所消耗的氧化剂的量,表示为单位氧的毫克/升。

化学需氧量反映了水体受还原性物质污染的程度,也作为有机物相对含量的综合指标。一般成分较复杂的有机工业废水、废水处理厂出水常需测定其化学需氧量。在河流污染和工业废水性质的研究以及废水处理厂的运行管理中,它是一个重要的而且能较快测定的有机物污染参数,常以符号 COD 表示。

一、实验目的

(1)了解化学需氧量的定义和测定意义。

(2)掌握化学需氧量测定的方法和原理。

二、实验原理

在硫酸酸性介质中,向待测水样中加入重铬酸钾为氧化剂,硫酸银为催化剂,硫酸汞为氯离子的掩蔽剂,加热回流 2 小时,对水样中的有机物质进行消解。回流结束后,将水样自然冷却,以试亚铁灵为指示剂,以硫酸亚铁铵溶液滴定剩余的重铬酸钾,根据硫酸亚铁铵溶液的消耗量计算水样的 COD 值。

三、实验仪器和设备

(1)回流装置:带 250 mL 磨口锥形瓶的玻璃回流装置。

(2)变阻电炉。

(3)50 mL 酸式滴定管。

(4)5 mL、10 mL、50 mL 移液管。

(5)万分之一电子天平。

四、试剂

(1)重铬酸钾标准溶液(1/6 $K_2Cr_2O_7$ = 0.2500 mol/L)。称取预先在 120 ℃ 烘干 2 小时的优级纯(或基准)重铬酸钾 12.2580 g 溶于水中,移入 1000 mL 容量瓶,稀释至标线,摇匀。

(2)试亚铁灵指示剂。称取 1.458 g 邻菲罗啉($C_{12}H_8N_2 \cdot H_2O$)、0.695 g 硫酸亚铁($FeSO_4 \cdot 7H_2O$)溶于水中,稀释至 100 mL,储于棕色瓶中。

(3)硫酸—硫酸银溶液。于 500 mL 浓硫酸中加入 5 g 硫酸银,放置 1~2 天,不时摇动使其溶解。

(4)硫酸亚铁铵标准溶液[$(NH_4)_2Fe(SO_4)_2 \cdot 6H_2O$) ≈ 0.1 mol/L]:称取 39.5 g 硫酸亚铁铵溶于水中,边搅拌边缓慢加入 20 mL 浓硫酸,冷却后移入 1000 mL 容量瓶中,用水稀释至标线,摇匀,临用前用重铬酸钾标准溶液标定。

标定方法:准确吸取 10.00 mL 重铬酸钾标准溶液于 250 mL 锥形瓶中,加水稀释至 60 mL 左右,缓慢加入 30 mL 浓硫酸,混匀。冷却后,加入 3 滴试亚铁灵指示液,用硫酸亚铁铵溶液滴定,溶液颜色由黄色经蓝绿色至红褐色即为终点。记录消耗的硫酸亚铁铵用量 V。

$$c = \frac{0.2500 \times 10.00}{V}$$

式中:c——硫酸亚铁铵标准溶液浓度,mol/L;

V——硫酸亚铁铵标准溶液的用量,mL。

(5)硫酸汞结晶或粉末。

五、实验步骤

（1）取 20.00 mL 混匀水样于 250 mL 磨口锥形瓶中，准确加入 10.00 mL 重铬酸钾标准溶液及数粒洗净的玻璃珠或沸石，将磨口锥形瓶连接在冷凝回流管下方，从冷凝管上口用量筒慢慢加入 30 mL 硫酸—硫酸银溶液，轻摇锥形瓶使溶液混合均匀，电炉加入回流 2 小时（自开始沸腾时计时）。

（2）冷却后，从冷凝管上部用 90 mL 纯水慢慢冲洗冷凝管管壁，取下锥形瓶。溶液总体积不得少于 150 mL（否则酸度太大，滴定终点不明显）。

（3）加入 3 滴试亚铁灵指示剂溶液，用硫酸亚铁铵标准溶液滴定，溶液的颜色由黄色经蓝绿色至红褐色即为终点，记录硫酸亚铁铵标准溶液的用量 V_1。

（4）测定水样的同时，以 20.00 mL 重蒸水，按同样操作步骤做空白试验，记录滴定空白时硫酸亚铁铵标准溶液的用量 V_1。

（5）对每种水样进行三次平行测定。

六、原始数据记录

数据记录于表 2-9 中。

表 2-9　化学需氧量的测定　　　　　　年　月　日

次数 项目	I	II	III
V_1 /mL			
V_0 /mL			

表中：V_1——滴定水样时，硫酸亚铁铵溶液的消耗量，mL；

　　　V_0——滴定空白时，硫酸亚铁铵溶液的消耗量，mL。

七、结果计算

$$COD_{(O_2, mg/L)} = \frac{(V_0 - V_1) \times c \times 8 \times 1000}{V_{水样}}$$

式中：V_1——滴定水样时，硫酸亚铁铵溶液的消耗量，mL；

　　　V_0——滴定空白时，硫酸亚铁铵溶液的消耗量，mL；

　　　c——硫酸亚铁铵溶液浓度，mol/L；

　　　8——氧（1/2 O）摩尔质量，g/mol；

　　　$V_{水样}$——所取水样的体积，mL。

八、干扰及消除

废水中氯离子含量超过 30 mg/L 时，应在锥形瓶中加入 0.4 g 硫酸汞后，再加

20.00 mL 废水,以消除氯离子的影响;对于氯离子含量高于 1000 mg/L 的样品,应先做定量稀释,使其含量降低至 1000 mg/L 以下再进行测定。

九、注意事项

(1)0.4 g 硫酸汞最高可配合 40 mg 的氯离子,如取用 20.00 mL 水样,即最高可配合 2000 mg/L 氯离子浓度的水样。若氯离子浓度较低,可加少量硫酸汞,保持硫酸汞与氯离子的比为 10:1。若出现少量氯化汞沉淀,不影响测定。

(2)水样取用量与试剂用量之间的关系如表 2-10 所示。

表 2-10　水样取用量和试剂用量对应表

水样体积/mL	0.2500 mol/L $K_2Cr_2O_7$ 溶液	H_2SO_4-$AgSO_4$ 溶液/mL	$HgSO_4$/g	$(NH_4)_2Fe(SO_4)_2$/(mol/L)	滴定前总体积/mL
10.0	5.0	15	0.2	0.050	70
20.0	10.0	30	0.4	0.100	140
30.0	15.0	45	0.6	0.150	210
40.0	20.0	60	0.8	0.200	280
50.0	25.0	75	1.0	0.250	350

(3)对于化学需氧量小于 50 mg/L 的水样,应该用 0.02500 mol/L 重铬酸钾标准溶液氧化,回滴时用 0.01 mol/L 硫酸亚铁铵标准溶液。

(4)对于化学需氧量较高的废水样,可先取步骤(1)中所需体积 1/10 的废水样和试剂,置于硬质玻璃试管中,摇匀加热后观察是否变为绿色。如变为绿色,则说明废水中还原性物质浓度高,应按比例减少废水取样量(其他试剂加入量不变),再进行加热,直至溶液不变绿色为止,从而确定废水样分析时所需取用的体积。稀释时,所取废水样量不能少于 5 mL。如果化学需氧量很高,则废水样应进行多次逐级稀释。

(5)每次实验时,应对硫酸亚铁铵标准溶液进行标定。

十、思考题

(1)为什么要做空白实验?
(2)化学需氧量和高锰酸盐指数有什么区别?

实验七　氧化还原滴定法——溶解氧的测定

溶解在水中的分子态氧称为溶解氧(dissolved oxygen,DO),用每升水里氧气的毫克数表示。水中的溶解氧的含量与空气中氧的分压、水的温度都有密切关系。在自然情况下,水温是主要影响因素,水温愈低,水中溶解氧的含量愈高。

在 20 ℃、100 kPa 下,纯水里的溶解氧约为 9 mg/L。当水中的溶解氧值降到 5 mg/L 时,一些鱼类的呼吸就发生困难。当水体受到有机物污染,耗氧严重,溶解氧得不到及时补充时,水体中的厌氧菌就会很快繁殖,有机物因腐败而使水体变黑、发臭。

溶解氧值是研究水自净能力的一种依据。水里的溶解氧被消耗,要恢复到初始状态,所需时间短,说明该水体的自净能力强,或者说水体污染不严重。否则说明水体污染严重,自净能力弱,甚至失去自净能力。

一、实验目的

(1)了解溶解氧含量与水质的关系。
(2)掌握溶解氧测定的方法和原理。

二、实验原理

利用碘量法测定水中的溶解氧含量。水样中加入硫酸锰和碱性碘化钾(KI-NaOH),先产生 $Mn(OH)_2$ 沉淀,随后水中溶解氧将二价锰氧化成四价锰,生成四价锰的氢氧化物棕色沉淀。

$$Mn^{2+} + 2\,OH^- = Mn(OH)_2 \downarrow$$
$$2\,Mn(OH)_2 + O_2 = 2MnO(OH)_2 \downarrow$$

加酸酸化后(pH = 1.0 ~ 2.5),沉淀溶解,同时四价锰将碘离子氧化为单质碘。

$$MnO(OH)_2 + 2I^- + 4H^+ = Mn^{2+} + I_2 + 3H_2O$$

以淀粉为指示剂,用硫代硫酸钠标准溶液滴定释放出的碘,根据滴定溶液消耗量计算溶解氧含量。

三、实验仪器和设备

(1)250 mL 细口溶解氧试剂瓶。
(2)250 mL 碘量瓶。
(3)50 mL 酸式滴定管。
(4)5 mL、10 mL、50 mL 移液管。
(5)万分之一电子天平。

四、试剂

(1)2 mol/L $MnSO_4$ 溶液:称取 170 g 一水合硫酸锰($MnSO_4 \cdot H_2O$)溶于水,用水稀释至 500 mL。如有不溶物,应过滤。

（2）碱性碘化钾溶液（KI-NaOH）：称取 150 g 碘化钾溶于 200 mL 水中，再将 180 g 氢氧化钠溶解于 200 mL 水中，冷却后将两溶液合并，混匀，用水稀释至 500 mL，贮于棕色细口瓶中。

（3）1 mol/L 硫酸溶液。

（4）0.5% 淀粉溶液：称取 1 g 可溶性淀粉，用少量水调成糊状，在搅动下加到 200 mL 水中，继续煮沸至透明。冷却后转入洁净的烧杯中。夏季一周内有效，冬季两周内有效。可加入少许水杨酸或氯化锌防腐。

（5）0.01 mol/L $Na_2S_2O_3$ 溶液：称取 2.5 g 五水合硫代硫酸钠（$Na_2S_2O_3 \cdot 5H_2O$）溶于煮沸放冷的水中，加 0.2 g 碳酸钠，用水稀释至 1000 mL，贮于棕色瓶中。使用前用 KIO_3 标准溶液标定。

（6）KIO_3 标准溶液：准确称取 3.567 g 在 180℃ 干燥 1 小时的 KIO_3，用水溶解后转入 1 L 容量瓶中，用水稀释至标线。临用前移取 100.0 mL 于 1 L 容量瓶中，加水定容，此溶液浓度为 $c(\frac{1}{6}KIO_3) = 0.01000$ mol/L

五、测定步骤

（1）标定 $Na_2S_2O_3$ 溶液：移取 10.00 mL KIO_3 标准溶液于锥形瓶中，加入 100 mL 水、1 g KI、5 mL 1 mol/L H_2SO_4 溶液，立即用 $Na_2S_2O_3$ 溶液滴定至浅黄色，加入 3 mL 淀粉溶液，继续滴定至蓝色消失为终点。平行滴定三份，计算 $Na_2S_2O_3$ 标准溶液的浓度。数据记录于表 2-11 中。

（2）溶解氧的固定：一般在取样现场固定。将水样注入水样瓶中并使水溢流，迅速盖上瓶塞，然后再打开塞子，将移液管插入溶解氧瓶的液面下，加入 1.0 mL $MnSO_4$ 溶液、2.0 mL KI-NaOH 溶液，盖好瓶塞，颠倒混合数次，静置 5 分钟，再颠倒数次。平行固定三份水样中的氧。

（3）溶解氧的测定：当水样中的沉淀物下降到瓶口以下 1/3 距离时，打开瓶塞，立即用移液管慢慢加入 1.0 mL 浓硫酸至液面下。盖好瓶塞，颠倒混合摇匀，至沉淀物全部溶解，放于暗处静置 5 分钟。取出 100.00 mL 上述溶液于 250 mL 锥形瓶中，用 $Na_2S_2O_3$ 标准溶液滴定至溶液呈淡黄色，加入 3 mL 淀粉溶液，继续滴定至蓝色刚好退去，记录 $Na_2S_2O_3$ 溶液用量。数据记录于表 2-12 中。

六、原始数据记录

表 2 - 11　$Na_2S_2O_3$标准溶液的标定　　　　　　　　　　年　月　日

次数 项目	I	II	III
V_1/mL			
$c_{(Na_2S_2O_3)}$（mol/L）			

注：V_1为标定 $Na_2S_2O_3$时，$Na_2S_2O_3$溶液的消耗量，mL。

表 2 - 12　水样溶解氧的测定　　　　　　　　　　年　月　日

次数 项目	I	II	III
V_2/mL			
溶解氧（O_2，mg/L）			

注：V_2为滴定水样时，$Na_2S_2O_3$溶液的消耗量，mL。

七、计算

（1）$Na_2S_2O_3$标准溶液的浓度：

$$c_{(Na_2S_2O_3)} = \frac{0.01000 \times 10}{V_1}$$

式中：V_1——标定 $Na_2S_2O_3$时，$Na_2S_2O_3$溶液的消耗量，mL。

（2）水样的溶解氧浓度：

$$溶解氧（O_2，mg/L） = \frac{c_{(Na_2S_2O_3)} \times V_2 \times 8 \times 1000}{100}$$

式中：V_2——滴定水样时，$Na_2S_2O_3$溶液的消耗量，mL；

　　$c_{(Na_2S_2O_3)}$——$Na_2S_2O_3$标准溶液浓度，mol/L。

八、干扰及消除

（1）水样中亚硝酸盐氮含量高于 0.05 mg/L，二价铁低于 1 mg/L 时，采用叠氮化钠修正法；水样中二价铁高于 1 mg/L 时，采用高锰酸钾修正法；水样有色或有悬浮物时，采用明矾絮凝修正法；含有活性污泥悬浊物的水样，采用硫酸铜 - 氨基磺酸絮凝修正法。

（2）如水样中含 Fe^{3+} 达 100～200 mg/L 时，可加入 1 mL 40% 氟化钾溶液消除干扰。

（3）如水样中含氧化性物质（如游离氯等），应预先加入相当量的硫代硫酸钠去除。

九、注意事项

（1）采集水样时，主要不要使水样曝气或有气泡残存在采样瓶中。可用水样冲洗溶解氧瓶后，沿瓶壁直接倾注水样或用虹吸法将细管插入溶解氧瓶底部，注入水样至溢流出瓶容积的 1/3 ~ 1/2。

（2）在固定溶解氧以及溶解生成的沉淀时，应将所加试剂使用移液管或吸量管加至距液面 5 cm 以下。固定后的水样可在暗处保存 24 小时。

（3）对于呈强酸或强碱性的水样，可用氢氧化钠或硫酸溶液调至中性后测定。

十、思考题

（1）酸化水样时，为什么要待沉淀物下降到一定程度后再加浓硫酸？

（2）固定溶解氧时，加入硫酸锰和碱性碘化钾后，如果发现是白色沉淀，可能的原因是什么？

实验八　氧化还原滴定法——五日生化需氧量（BOD_5）的测定

生化需氧量（biological oxygen demanded，BOD），是指在一定时间内及一定温度条件下，好氧微生物分解水中的可氧化物质（特别是有机物质）所消耗的溶解氧量。生化需氧量是反映水中有机污染物含量的一个综合指标。BOD 值越高，说明水中有机污染物质越多，污染也就越严重。

生化需氧量和化学需氧量（COD）的比值能说明水中难以生化分解的有机物占比，微生物难以分解的有机污染物对环境造成的危害更大。通常认为废水中这一比值大于 0.3 时适合进行生化处理。

污水中各种有机物氧化分解所需时间较长，约为 100 天左右。一般生化需氧量的测定是在 20℃ 下，5 天内的耗氧量，称为五日生化需氧量（BOD_5）。对生活污水来说，它约等于完全氧化分解耗氧量的 70% 。

一、实验目的

（1）了解生化需氧量的测定原理。

（2）了解稀释比的选择。

二、实验原理

将待测定水样完全充满于封闭的溶解氧瓶中，在 20℃ 条件下置于暗处培养 5 天，分别测定培养前后水样中溶解氧的浓度，二者之差即为五日生化需氧量

（BOD_5），以氧的 mg/L 表示。

若 BOD_5 测定值大于 6 mg/L，则需要将水样进行适当稀释后再培养测定，稀释的程度应使培养中所消耗的溶解氧大于 2 mg/L，而剩余溶解氧在 1 mg/L 以上。

对于不含或含微生物较少的工业废水（如酸性废水、碱性废水、高温废水或经过氧化处理的废水），测定时需进行接种以引进可分解水中有机物的微生物。若水中含有难于降解的有机物或者剧毒物质时，应驯化微生物后再向水样中进行接种。

三、实验仪器和设备

（1）恒温培养箱。

（2）5 ~ 20 L 细口玻璃瓶。

（3）1000 ~ 2000 mL 量筒。

（4）长玻璃棒：棒的长度比所用量筒高度长 200 mm，在棒的底端固定一个直径比量筒底小并带有小孔的硬橡胶板。

（5）250 mL 细口溶解氧瓶：带有磨口玻璃塞并具有供水封用的钟形口。

（6）虹吸管：供分取水样和添加稀释水用。

（7）250 mL 碘量瓶。

（8）50 mL 酸式滴定管。

（9）5 mL、10 mL、50 mL 移液管。

（10）万分之一电子天平。

四、试剂

（1）磷酸盐缓冲溶液（pH = 7.2）：称取 8.5 g 磷酸二氢钾（KH_2PO_4）、21.75 g 磷酸氢二钾（K_2HPO_4）、33.4 g 七水合磷酸氢二钠（$Na_2HPO_4 \cdot 7H_2O$）、1.7 g 氯化铵（NH_4Cl）溶于水中，稀释至 1000 mL。

（2）硫酸镁溶液：称取 22.5 g 七水合硫酸镁（$MgSO_4 \cdot 7H_2O$）溶于水，稀释至 1000 mL。

（3）氯化钙溶液：称取 27.5 g 无水氯化钙（$CaCl_2$）溶于水，稀释至 1000 mL。

（4）氯化铁溶液：称取 0.25 g 六水合氯化铁（$FeCl_3 \cdot 6H_2O$）溶于水，稀释至 1000 mL。

（5）盐酸溶液（0.5 mol/L）：量取 40 mL 浓盐酸溶于水，稀释至 1000 mL。

（6）氢氧化钠溶液（0.5 mol/L）：称取 20 g 氢氧化钠溶于水，稀释至 1000 mL。

（7）亚硫酸钠溶液（1/2 Na_2SO_3 = 0.025 mol/L）：称取 1.575 g 亚硫酸钠溶于水，稀释至 1000 mL。此溶液不稳定，需每天重新配制。

（8）稀释水：在 5 ~ 20 L 玻璃瓶内装入一定量的水，控制水温在 20℃左右，然后用无油空气压缩机或薄膜泵,将吸入的空气按先后顺序经活性炭吸附管及水洗涤管后,导入稀释水内曝气 2~8 小时,使稀释水中的溶解氧接近饱和。瓶口盖上两层干纱布,置于 20 ℃培养箱中放置数小时,使水中溶解氧含量达 8 mg/L 左右。临用前每升水中加入氯化钙溶液、氯化铁溶液、硫酸镁溶液、磷酸盐缓冲溶液各 1 mL,并混合均匀。

稀释水的 pH 值应为 7.2,BOD_5 应小于 0.2 mg/L。

(9)接种液:选择以下任一方法以获得适用的接种液。

①城市污水:一般采用生活污水,在室温下放置一昼夜,取上清液使用。

②表层土壤浸出液:取 100 g 花园或植物生长土壤,加入 1 L 水,混合并静置 10 分钟,取上清液使用。

③含城市污水的河水或湖水。

④污水处理厂的出水。

⑤当分析含有难于降解物质的废水时,在其排污口下游适当距离处取水样作为废水的驯化接种液。若无此种水源,可取中和或经适当稀释后的废水进行连续曝气,每天加入少量该种废水,同时加入适量表层土壤或生活污水,使可适应该种废水的微生物大量繁殖。当水中出现大量絮状物,或其化学需氧量的降低值出现突变时,表明微生物已进行繁殖,可用作接种液。一般驯化过程需要 3~8 天。

(10)接种稀释水:分取适量接种液,加入稀释水中,混匀。每升稀释水中接种液加入量为:生活污水 1~10 mL;表层土壤浸出液 20~30 mL;河水、湖水 10~100 mL。

接种稀释水的 pH 值应为 7.2,BOD_5 应在 0.3~1.0 mg/L 之间。接种稀释水配制后立即使用。

(11)葡萄糖-谷氨酸标准溶液:将葡萄糖和谷氨酸在 103 ℃干燥 1 小时后,各取 150 mL 溶于水中,移入 1000 mL 容量瓶内并定容混匀。此标准溶液临用前配制。

(12)2 mol/L $MnSO_4$ 溶液:称取 170 g 硫酸锰($MnSO_4 \cdot H_2O$)溶于水,用水稀释至 500 mL。如有不溶物,应过滤。

(13)碱性碘化钾溶液(KI-NaOH):称取 150 g 碘化钾溶于 200 mL 水中,再将 180 g 氢氧化钠溶解于 200 mL 水中,冷却后将两溶液合并,混匀,用水稀释至 500 mL,贮于棕色细口瓶中。

(14)1 mol/L 硫酸溶液。

(15)0.5% 淀粉溶液:称取 1 g 可溶性淀粉,用少量水调成糊状,在搅动下加到 200 mL 水中,继续煮沸至透明。冷却后转入洁净的烧杯中。夏季一周内有效,冬季两周内有效。可加入少许水杨酸或氯化锌防腐。

(17)0.01 mol/L $Na_2S_2O_3$ 溶液:称取 2.5 g 硫代硫酸钠($Na_2S_2O_3 \cdot 5H_2O$)溶于

煮沸放冷的水中,加 0.2 g 碳酸钠,用水稀释至 1000 mL,贮于棕色瓶中。使用前用 KIO₃ 标准溶液标定。

(18) KIO₃ 标准溶液:准确称取 3.567 g 在 180 ℃ 干燥 1 小时的 KIO₃,用水溶解后转入 1 L 容量瓶中,用水稀释至标线。临用前移取 100.0 mL 于 1 L 容量瓶中,加水定容,此溶液浓度为

$$c(\frac{1}{6}KIO_3) = 0.01000 \text{ mol/L}$$

五、测定步骤

1. 不经稀释水样的测定

对于溶解氧含量较高、有机物含量较少的地表水,可不经稀释直接测定。利用虹吸法将混匀水样转移入两个溶解氧瓶中(注意转移过程中不应产生气泡),使两个瓶内充满水样后并溢出少许,加塞盖住(瓶内不应有气泡)。

取其中一瓶利用碘量法(实验七)直接测定溶解氧,另一瓶将瓶口水封后,放入恒温培养箱,在 20 ℃ 条件下培养 5 天后(培养过程中注意添加封口水),弃去封口水,测定剩余的溶解氧。

2. 需经稀释水样的测定

(1) 稀释倍数的确定。

① 地表水:根据表 2-13,由测得的高锰酸盐指数(实验五)与一定系数的乘积,确定稀释倍数。

表 2-13　由高锰酸盐指数与一定系数的乘积确定稀释倍数

高锰酸盐指数(mg/L)	系数	高锰酸盐指数(mg/L)	系数
<5	—	10~20	0.4、0.6
5~10	0.2、0.3	>20	0.5、0.7、1.0

② 工业废水:由重铬酸钾法(实验六)测得的 COD 值分别乘以系数 0.075、0.15、0.225,即获得三个稀释倍数。

(2) 稀释操作。

一般稀释法:根据选定的稀释比例,用虹吸法沿量筒壁引入部分稀释水(或接种稀释水)于 1000 mL 量筒中,加入需要量的均匀水样,再加入稀释水(或接种稀释水)至 800 mL,用玻璃棒慢慢上下搅匀(搅拌时勿使搅棒的搅拌露出水面,防止产生气泡)。

按不经稀释水样测定的相同步骤进行装瓶,测定当天溶解氧和培养 5 天后的溶解氧。

另取两个溶解氧瓶,用虹吸法装满稀释水(或接种稀释水)做空白实验,测定 5 天前后的溶解氧。

直接稀释法:直接稀释法是在溶解氧瓶内直接稀释。在两个容积相同的溶解氧瓶内,用虹吸法加入部分稀释水(或接种稀释水),再加入根据瓶容积和稀释比例计算出的水样量,然后加入稀释水(或接种稀释水)使刚好充满,加塞(注意瓶内不能有气泡),其余操作与上述一般稀释法相同。

六、原始数据记录

相关数据分别记录于表 2 – 14、表 2 – 15 中。

表 2 – 14　不经稀释水样五日生化需氧量的测定　　　年　月　日

次数 项目	I	II	III
c_1 (mg/L)			
c_2 (mg/L)			

注:c_1 为培养前水样中的溶解氧浓度,mg/L;c_2 为培养 5 天后水样中剩余的溶解氧浓度,mg/L。

表 2 – 15　经稀释后水样五日生化需氧量的测定　　　年　月　日

次数 项目	I	II	III
c_1 (mg/L)			
c_2 (mg/L)			
B_1 (mg/L)			
B_2 (mg/L)			

注:c_1 为培养前的稀释水样中的溶解氧浓度,mg/L;c_2 为培养 5 天后的稀释水样中剩余的溶解氧浓度,mg/L;B_1 为稀释水(或接种稀释水)在培养前的溶解氧浓度,mg/L;B_2 为稀释水(或接种稀释水)在培养后的溶解氧浓度,mg/L。

七、计算

(1)不经稀释直接测定的水样:
$$\text{BOD}_5(\text{mg/L}) = c_1 - c_2$$
式中:c_1——培养前水样中的溶解氧浓度,mg/L;
c_2——培养 5 天后水样中剩余的溶解氧浓度,mg/L。

(2)经稀释测定的水样:
$$\text{BOD}_5(\text{mg/L}) = \frac{(c_1 - c_2) - (B_1 - B_2)f_1}{f_2}$$

式中:c_1——培养前的稀释水样中的溶解氧浓度,mg/L;

　　　c_2——培养 5 天后的稀释水样中剩余的溶解氧浓度,mg/L;

　　　B_1——稀释水(或接种稀释水)在培养前的溶解氧浓度,mg/L;

　　　B_2——稀释水(或接种稀释水)在培养后的溶解氧浓度,mg/L;

　　　f_1——稀释水(或接种稀释水)在培养液中所占比例;

　　　f_2——水样在培养液中所占比例。

计算方法:若水样的稀释倍数为 5,即培养液中含 1 份水样、4 份稀释水,则 $f_1 = 0.8$,$f_2 = 0.2$。

八、干扰及消除

生化处理池出水中含有大量硝化细菌,在测定五日生化需氧量时包括了部分含氮氧化物的需氧量。对于这样的水样,如果只需要测定有机物降解的需氧量,可加入硝化抑制剂,抑制硝化过程。可在每升稀释水样中加入 1 mL 浓度为 500 mg/L 的丙烯基硫脲。

九、注意事项

(1)测定生化需氧量的水样,采集时应充满并密封于瓶中,0 ~ 4℃ 条件下保存。一般应在 6 小时内进行分析。任何情况下,贮存时间不应超过 24 小时。

(2)玻璃器皿应彻底清洗。先用洗涤剂浸泡清洗,然后用稀盐酸浸泡,最后依次用自来水、蒸馏水洗净。

(3)方法适用于测定 BOD_5 大于或等于 2 mg/L,但不超过 6000 mg/L 的水样。当 BOD_5 大于 6000 mg/L 时,会因稀释带来一定的误差。

(4)可用葡萄糖–谷氨酸标准溶液检查稀释水和接种液的质量。将 20 mL 葡萄糖–谷氨酸标准溶液用接种稀释水稀释至 1000 mL,按测定 BOD_5 的步骤操作,测得 BOD_5 的值应在 180 ~ 230 mg/L 之间。

十、思考题

(1)生化需氧量和化学需氧量的区别是什么?生化需氧量和化学需氧量的比值能说明什么问题?

(2)测定废水的 BOD_5 为什么要进行稀释?如何配制稀释水?

实验九　沉淀滴定法——水中 Cl^- 的测定

氯化物(Cl^-)是水和废水中一种常见的无机阴离子,是天然水中含量最高的盐类之一。在饮用水中,氯化物含量在 100 mg/L 以下时,对人类健康没有影响;当水中氯化物含量达到 250 mg/L,相应的阳离子为钠时,会感觉到咸味;超过 500 ~ 1000 mg/L 时,可以使水产生令人厌恶的苦咸味。氯化物含量高的水还可能对配水系统产生腐蚀作用,并妨碍植物生长。

水中 Cl⁻ 的测定可采用莫尔法(Mohr)。莫尔法的应用比较广泛,生活饮用水、工业用水、环境水质监测以及一些化工产品、药品、食品中氯的测定都使用莫尔法。

一、实验目的

(1)掌握银量法测定氯离子的测定原理和测定方法。
(2)学习 $AgNO_3$ 标准溶液的配制与标定。

二、实验原理

水中 Cl⁻ 的测定一般采用莫尔法。

莫尔法是在中性至弱碱性范围内(pH 值 6.5 ~ 10.5),以铬酸钾(K_2CrO_4)为指示剂,用 $AgNO_3$ 标准溶液滴定水中的 Cl⁻,滴定开始时,由于氯化银的溶解度小于铬酸银的溶解度,$AgNO_3$ 标准溶液首先与 Cl⁻ 反应生成白色沉淀。

$$Ag^+ + Cl^- = AgCl\downarrow（白色）$$

Cl⁻ 完全被沉淀出来后,加入的稍过量的 $AgNO_3$ 标准溶液与指示剂铬酸钾(K_2CrO_4)反应生成砖红色沉淀,指示滴定终点的到达。

$$2Ag^+ + CrO_4^{2-} = Ag_2CrO_4\downarrow（砖红色）$$

三、实验仪器和设备

(1)100 mL、1000 mL 容量瓶;
(2)250 mL 锥形瓶;
(3)25 mL 棕色酸式滴定管;
(4)5 mL、10 mL、25 mL、50 mL 移液管;
(5)万分之一电子天平。

四、试剂

(1)0.0141 mol/L NaCl 标准溶液:将 NaCl(基准试剂)置于 105 ℃烘箱中烘干 2 小时,在干燥器中冷却后称取 8.2400 g,溶于蒸馏水,在容量瓶中稀释至 1000 mL。用吸量管吸取 10.0 mL,在容量瓶中准确稀释至 100 mL。

(2)0.0141 mol/L $AgNO_3$ 溶液:将 2.3950 g $AgNO_3$(于 105℃烘干半小时)溶于水,在容量瓶中稀释至 1000 mL,储存于棕色瓶中。

(3)50 g/L 铬酸钾溶液:称取 5g K_2CrO_4 溶于少量蒸馏水中,滴加硝酸银溶液至有红色沉淀生成,摇匀,静置 12 小时,然后过滤并用蒸馏水将滤液稀释至 100 mL。

（4）高锰酸钾溶液（$1/5\ KMnO_4 = 0.01\ mol/L$）。

（5）30% 过氧化氢（H_2O_2）。

（6）0.05 mol/L H_2SO_4 溶液。

（7）0.05 mol/L NaOH 溶液。

（8）95% 乙醇溶液。

（9）酚酞指示剂溶液：称取 0.5 g 酚酞溶于 50 mL 95% 乙醇中，加入 50 mL 蒸馏水，再滴加 0.05 mol/L 氢氧化钠溶液使之呈微红色。

（10）广泛 pH 试纸。

五、测定步骤

1. 标定 $AgNO_3$ 标准溶液

移取 25.00 mL NaCl 标准溶液于锥形瓶中，加入 25 mL 纯水，然后加入 1 mL 5% 的 K_2CrO_4 溶液，摇匀，用 $AgNO_3$ 溶液滴定，边滴定边剧烈摇动锥形瓶，至出现砖红色即为终点。平行滴定三份，记录 $AgNO_3$ 用量，计算 $AgNO_3$ 标准溶液的浓度。数据记录于表 2 - 16 中。

2. 水样的测定

准确吸取 50.00 mL 水样于 250 mL 锥形瓶中，用 pH 试纸测定水样 pH 值，若 pH 值在 6.5 ~ 10.5 范围内，则直接加入 1 mL 5% 的 K_2CrO_4 溶液，摇匀，用 $AgNO_3$ 溶液进行滴定，边滴定边剧烈摇动锥形瓶，滴定至出现砖红色即为终点。平行滴定三份。

若水样 pH 值范围超出 6.5 ~ 10.5 范围，则以酚酞作指示剂，用稀硫酸或氢氧化钠溶液调节至红色刚刚退去，再加入 1 mL 5% 的 K_2CrO_4 溶液，利用 $AgNO_3$ 溶液进行滴定。数据记录于表 2 - 17 中。

3. 空白实验

取 50.00 mL 蒸馏水于 250 mL 锥形瓶中，与水样测定步骤相同进行实验，进行三次的平行测定。

六、原始数据记录

表 2 - 16　$AgNO_3$ 标准溶液的标定　　　　　　年　月　日

次数 项目	Ⅰ	Ⅱ	Ⅲ
V_1/mL			
$c_{(AgNO_3)}$（mol/L）			

注：V_1 为标定 $AgNO_3$ 时，$AgNO_3$ 溶液的消耗量，mL。

次数 项目	Ⅰ	Ⅱ	Ⅲ
V_2/mL			
V_3/mL			
Cl^- (mg/L)			

表 2-17　水样 Cl^- 的测定　　　　年　月　日

注：V_2 为滴定水样时，$AgNO_3$ 溶液的消耗量，mL；

　　V_3 为滴定空白时，$AgNO_3$ 溶液的消耗量，mL。

七、计算

（1）$AgNO_3$ 标准溶液的浓度：

$$c_{(AgNO_3)} = \frac{0.014100 \times 25.00}{V_1}$$

式中：V_1——标定 $AgNO_3$ 时，$AgNO_3$ 溶液的消耗量，mL。

（2）水中 Cl^- 含量：

$$Cl^- (mg/L) = \frac{c_{(AgNO_3)} \times (V_2 - V_3) \times 35.45 \times 1000}{V_{水样}}$$

式中：V_2——滴定水样时，$AgNO_3$ 溶液的消耗量，mL；

　　　V_3——滴定空白时，$AgNO_3$ 溶液的消耗量，mL；

　　　$c_{(AgNO_3)}$——$AgNO_3$ 标准溶液浓度，mol/L；

　　　$V_{水样}$——所取水样的体积，50.00 mL。

八、干扰及消除

溶液中若存在较多的 Cu^{2+}、Co^{2+}、Cr^{3+} 等有色离子时，将影响目视终点，凡是能与 Ag^+ 或 CrO_4^{2-} 发生化学反应的阴、阳离子都干扰测定，应预先去除。

九、注意事项

（1）滴定时，必须剧烈摇动锥形瓶，使被吸附的 Cl^- 重新进入溶液中。

（2）所用 NaCl 必须为基准试剂。

十、思考题

（1）配制 0.0141 mol/L NaCl 标准溶液时，为什么要先准确称量 8.2400 g NaCl，配

制成1000 mL溶液后,再进行10倍稀释? 能否准确称量0.8240 g,直接定容至1000 mL?

（2）为什么要进行空白实验？

（3）储存$AgNO_3$溶液为什么要用棕色试剂瓶,放在暗处保存？

（4）滴定时,为什么要控制指示剂的加入量？

第3章　重量分析法

3.1　重量分析法简介

重量分析法(gravimetry)是用适当方法将试样中待测组分与其他组分分离,然后用称量的方法测定该组分含量的一类方法。根据分离待测组分方法的不同,重量法可分为沉淀法(precipitator method)、气化法(evaporating method)、滤膜阻留法(membrane filtration)等。在环境样品分析中,重量分析法主要用于水中残渣、矿化度、矿物油的测定和大气中悬浮颗粒物的测定。

重量法的准确度高,但是操作复杂,对低含量组分的测定误差较大。

3.2　沉淀重量分析的基本操作及注意事项

沉淀重量法是指将待测组分通过化学反应转化为可称量物质后,通过称量以确定待测定组分含量的方法。沉淀重量分析的基本操作包括沉淀生成、转移、过滤、洗涤、干燥、恒重和称量等。为得到准确的分析结果,应细心执行每一步操作。

3.2.1　沉淀的生成

将待测组分转化成沉淀时,应注意生成沉淀的条件,即加入试剂的顺序、加入试剂的量与浓度、试剂加入速度、沉淀体系的温度和酸度,以及陈化时间等。应严格按照实验规定进行,否则会产生较大误差。

首先准备好内壁和底部光洁的烧杯,配以合适的玻璃棒和表面皿。称取一定量的试样或量取一定体积的待测液置于烧杯中,将试样溶解后,加入沉淀剂及其他试剂进行沉淀。

对于无定形沉淀(如 $Fe(OH)_3$),一般在较热的溶液中进行沉淀,沉淀剂可一次性加入到溶液中去,沿着烧杯壁或玻璃棒缓慢倾倒,注意避免溶液溅出,同时用玻璃棒慢慢搅拌,搅拌时注意尽量不要让玻璃棒触及烧杯内壁,以免造成烧杯划损而使沉淀黏附在划痕上。待沉淀完全后,迅速用热蒸馏水冲稀,不必陈化。待沉淀沉降后,立即趁热过滤和洗涤。

对于晶形沉淀(如 $BaSO_4$),用滴管逐滴加入沉淀剂并同时用玻璃棒搅拌以防沉淀剂局部过浓。搅拌时不要让玻璃棒触及烧杯内壁。待沉淀完全后,盖上表面皿放置过夜或加热搅拌一定时间进行陈化。

在热溶液中进行沉淀时,一般用水浴加热或在低温电热板上进行,以防溶液溅出。

沉淀剂加完后应检查沉淀是否完全。检查方法是:将溶液静置,待沉淀沉降后,于上层清液中加入一滴沉淀剂,观察液滴落处是否还有混浊出现。

注意:在整个实验过程中,玻璃棒、表面皿与烧杯要一一对应,不能互换。

3.2.2 沉淀的过滤

1)定量滤纸的种类及选择

分析化学实验中常用的滤纸分为定量滤纸和定性滤纸两种。定量滤纸灼烧后其每张灰分的质量小于 0.1 mg,在重量分析中可以忽略不计,故也称为无灰滤纸。沉淀法中一般使用定量滤纸对沉淀进行过滤。定量滤纸按过滤速度和分离性能的不同,又分为快速、中速、慢速三类。常用的定量滤纸的规格及技术指标如表 3-1 所示。

表 3-1 主要定量滤纸的规格及技术指标

指标名称	快速	中速	慢速
滤水时间(min)*	≤35	≤70	≤140
型号	201	202	203
分离性能(沉淀物)	$Fe(OH)_3$	$PbSO_4$	$BaSO_4$(热)
灰分	≤ 0.009%		
圆形滤纸直径(mm)	55, 70, 90, 110, 125, 150, 180, 230, 270		

* 滤水时间:将滤纸放入玻璃漏斗中,倒入 25 mL 水,初始滤出的 5 mL 水不计,然后用秒表计量滤出 10 mL 水所用的时间。

过滤时要根据沉淀的性质选择合适的定量滤纸。如过滤 $BaSO_4$、CaC_2O_4 等晶形沉淀,应选用较小的慢速滤纸(直径 9~11 cm);过滤 $Fe(OH)_3$ 等胶体沉淀,则需要用较大的快速滤纸(直径 11~12 cm)。

2)滤纸的折叠与安放

用洁净干燥的手将滤纸整齐对折,再对折成圆锥形,为保证滤纸与漏斗密合,第二次对折不要折死。将圆锥体滤纸打开放入漏斗,若滤纸与漏斗不完全密合,可稍稍改变滤纸的折叠角度。这时再把第二次的折边压紧。

取出滤纸,将外层折边撕掉一小块,目的是使内层滤纸更加贴紧漏斗(滤纸的折叠和安放见图 3-1)。撕下来的直角保存在洁净干燥的表面皿上,用以擦拭烧杯。

　　滤纸放入漏斗后,其边缘应比漏斗口低 0.5~1 cm。三层处应在漏斗颈出口短的一边。用手按住滤纸三层的一边由洗瓶吹出细水流以润湿滤纸,手指堵住漏斗下口,稍稍掀起滤纸一边,用洗瓶向滤纸和漏斗之间的空隙加水,直到漏斗颈及锥体的一部分全部被水充满,缓慢放松堵住漏斗下口的手指,滤纸"下沉",同时用手指轻按滤纸排除锥体部分的气泡使其贴紧漏斗,直至颈内的气泡完全排除,则放开手指,形成水柱。如果水柱仍不能保留,说明滤纸和漏斗之间密合性差,应再试一次(注意:做水柱时,不可用力按压滤纸,以防止滤纸破裂而造成穿滤)。

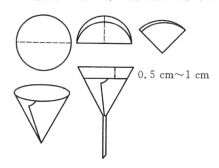

图 3-1　滤纸折叠和安放

3)沉淀的过滤

　　将准备好的漏斗放在漏斗架上,下面放一洁净的烧杯承接滤液。漏斗位置的高低,以漏斗的颈末端不接触到滤液为宜。并使漏斗颈贴住烧杯内壁。

　　过滤一般采用倾注法(见图 3-2)。即待沉淀沉降后,一手拿搅拌棒,垂直置于滤纸三层部分的上方,搅拌棒下方尽可能接近但不接触滤纸。另一手拿起盛着沉淀的烧杯,尽量不搅起沉淀,将上清液沿玻璃棒慢慢倾入漏斗中。倾注的溶液最多加到滤纸边缘约 0.5~0.6 cm 的地方,以防滤液因毛细作用越过滤纸边缘。

图 3-2　倾注法过滤

　　停止倾注溶液时,保持搅拌棒位置不动,将烧杯沿搅拌棒向上提,逐渐扶正烧杯,再将搅拌棒放回烧杯中,注意勿靠在杯嘴处。

清液倾注完毕后,进行沉淀的初步洗涤。用洗瓶或滴管将 15～20 mL 水或洗涤液沿烧杯内壁垂直加入到沉淀上,用玻璃棒搅动沉淀以充分洗涤,再将烧杯斜放在小木块上,使沉淀下沉并集中在烧杯一侧,以利沉淀和清液分离,澄清后再用倾注法过滤。如此反复洗涤、过滤多次。一般晶形沉淀洗 2～3 次,胶状沉淀洗 5～6 次。

初步洗涤沉淀后,进行沉淀的定量转移。向盛有沉淀的烧杯中加入少量洗涤液(洗涤液的量,应是滤纸上一次能容纳的),用玻璃棒充分搅动后,立即将悬浮液转移至滤纸上。然后用洗瓶冲洗杯壁和玻璃棒上的沉淀,再次进行转移。如此反复多次,尽可能将沉淀全部转移到滤纸上。对于仍黏附在烧杯内壁和玻璃棒上的最后少量沉淀,可以用原撕下的滤纸角进行擦拭,擦拭过的滤纸角放在漏斗中的沉淀内。在明亮处仔细检查烧杯内壁和玻璃棒上是否还有沉淀,如有沉淀痕迹,应再进行擦拭和转移,直到沉淀完全转移为止。

4)沉淀的洗涤

沉淀完全转移到滤纸上后,需在滤纸上洗涤沉淀。洗涤的目的是为了除去沉淀表面所吸附的杂质和残留的母液,得到纯净的沉淀。洗涤时遵循"少量多次"的原则,洗涤时先将洗瓶对着水槽(或空烧杯)捏挤以排出空气,再用洗瓶自上而下进行螺旋式淋洗,每次使用少量洗涤液(没过沉淀即可)进行多次洗涤。

洗涤多次后,用干净试管接取约 1 mL 滤液,选择灵敏、快速的定性反应检验沉淀是否洗净。

5)沉淀的烘干和灼烧

(1)坩埚的准备。用自来水洗净坩埚后,置于热盐酸(去除 Al_2O_3、Fe_2O_3)或铬酸洗液中(去油脂)浸泡十几分钟,然后用玻璃棒夹出,用自来水和去离子水洗净,烘干,再用钴盐或铁溶液在坩埚及盖上写明编号(注意坩埚和盖子必须一一对应)。然后置于高温炉中灼烧。灼烧的条件应与灼烧沉淀时的条件相同。灼烧时间约为 15～30 分钟。用预热过的坩埚钳夹出坩埚,置于耐火板或泥三角上自然冷却后,放入干燥器中(见图 3-3)。注意不能把太热的坩埚立即放入干燥器中。再将干燥器移至天平室冷却 30～50 分钟至室温时再称量,将称量的质量准确地记录下来。再将坩埚二次灼烧 15～20 分钟,冷却称量。重复这样的操作,直到两次称量的质量之差不超过 0.3 mg,即可认为坩埚恒重。

(2)沉淀的包裹。对于晶形沉淀,用洁净的搅拌将滤纸三层部分掀起两处用食指和拇指捏住滤纸的翘起部分,慢慢将其取出。打开成半圆形,自右端 1/3 半径处折叠一次,再自上而下折一次,然后从右向左卷成小卷(见图 3-4),最后将其放入已恒重的坩埚内,包裹层数较多的一面向上,以便炭化和灰化。

（a）开启方法　　　　　　　　　　（b）移动方法

图3-3　干燥器的开启和移动

对于胶状沉淀,可在漏斗内用玻璃棒将滤纸周边挑起并向内折,把锥体的敞口封住(见图3-5),然后取出倒过来尖朝上放入坩埚中。

图3-4　晶形沉淀的包裹

图3-5　胶状沉淀的包裹

（3）沉淀的烘干、灼烧:将装有沉淀的坩埚置于低温电炉上加热,把坩埚盖半掩着倚于坩埚口,将滤纸和沉淀烘干至滤纸全部炭化(滤纸变黑)。注意只能冒烟,不能冒火,以免沉淀颗粒随火飞散而损失。炭化后可逐渐调高温度,使滤纸灰化。

待滤纸全部成白色后,将坩埚移入高温炉中灼烧一定时间(如 $BaSO_4$ 20 分钟,

Al_2O_3、CaO 30 分钟,CaO 60 分钟),冷却后称量,再灼烧至恒重。

6）沉淀的称量与恒重

称量方法与称量空坩埚的方法相同,但称量速度要快些,特别是称量吸湿性强的沉淀时更应注意。

带沉淀的坩埚,其连续两次称量之差在 0.3 mg 内,即可认为已达到恒重。

3.3　重量法实验

实验一　硫酸盐的测定

硫酸盐在自然界分布广泛,天然水中硫酸盐的浓度可从几毫克/升至数千毫克/升。地表水和地下水中硫酸盐主要来源于岩石土壤中矿物组分的风化和淋溶,金属硫化物氧化也会使硫酸盐含量增大。

水中少量硫酸盐对人体健康无影响。当水中硫酸盐超过 250 mg/L 时有致泻作用。饮用水中硫酸盐含量不应超过 250 mg/L。

一、实验目的

（1）掌握重量法测定硫酸盐的原理。
（2）学习晶形沉淀的制备方法。
（3）掌握重量法测定硫酸盐的操作步骤。
（4）建立恒重的概念。

二、实验原理

在盐酸介质中,硫酸盐与加入的氯化钡形成硫酸钡沉淀。在接近于沸腾的条件下进行沉淀,并煮沸至少 20 分钟,使沉淀陈化后过滤,洗涤沉淀至无氯离子为止,对沉淀进行烘干或灼烧,冷却后称量硫酸钡测重量,根据称得的沉淀重量计算水中硫酸盐浓度。

三、实验仪器和设备

（1）水浴锅。
（2）烘箱。
（3）马弗炉。
（4）慢速定量滤纸:酸洗并经过硬化处理。
（5）0.45 μm 滤膜。
（6）瓷坩埚、坩埚钳。

(7)玻璃漏斗。

(8)万分之一电子天平。

四、试剂

(1)(1+1)盐酸。

(2)100 g/L 氯化钡溶液:称取(100±1)g 二水合氯化钡(BaCl$_2$·2H$_2$O)溶于约 800 mL 水中,加热助溶,冷却并稀释至 1000 mL。此溶液 1 mL 可沉淀约 40 mg SO$_4^{2-}$。

(3)0.1% 甲基红指示液。

(4)硝酸银溶液(约 0.1 mol/L):称取 1.7 g AgNO$_3$溶于水,加入 0.1 mL 硝酸,稀释至 100 mL,储存于棕色瓶中避光保存。

五、实验步骤

1.坩埚的准备

洗净两个坩埚,晾干或在电热干燥箱中烘干。然后进行 2 次灼烧。第一次灼烧 30 分钟,第二次灼烧 15 分钟,每次烧完停火后,冷却后再放入干燥器中,再放入天平室冷却 30 分钟,用电子天平准确称量,两次灼烧后所称得的坩埚质量之差不超过 0.3 mg,即为恒重。若仍未恒重,则需要再次灼烧 15 分钟,冷却、称量,直至恒重。

2.沉淀的制备

将待测水样用 0.45 μm 滤膜过滤后,用移液管准确移取 200 mL 水样置于烧杯中,加入 2 滴甲基红指示液,用盐酸或氨水调至试液呈橙黄色,再加 2 mL 盐酸,加热煮沸 5 分钟(若煮沸后出现沉淀,应将沉淀过滤去除),缓慢加入约 10 mL 热的氯化钡溶液,直到不再出现沉淀。再继续过量 2 mL,继续煮沸 20 分钟,放置过夜(或在 50~60 ℃下保持 6 小时)使沉淀陈化。

3.过滤

用慢速定量滤纸以倾泻法过滤沉淀,先过滤上清液,再用去离子水洗涤沉淀三次,每次用 15 mL。然后将沉淀转移到滤纸上,并用滤纸角擦除黏附在玻璃棒和烧杯壁上的细微沉淀,再用水少量多次冲洗杯壁和玻璃棒,直到沉淀完全转移。

在含约 5 mL 硝酸银溶液的小烧杯中检验洗涤过程中的氯化物。收集约 5 mL 的过滤洗涤水,如果没有沉淀生成或者不变浑浊,即表明沉淀中已不含氯离子。

4.干燥和称重

从漏斗上取出并包好滤纸,放入已恒重的坩埚中,经小火烘干、中火炭化、大火灰化后,再用大火灼烧 30 分钟,冷却至室温后,称重。再灼烧 15 分钟,冷却,称重。

反复进行灼烧恒重直到前后两次重量差不大于 0.2 mg 为止。

六、原始数据记录

数据记录于表 3-2 中。

表 3-2　重量法测定水中硫酸盐 　　　　　年　月　日

次数 项目	Ⅰ	Ⅱ	Ⅲ
V/mL			
m/mg			

注:V——所取待测水样的体积, mL;

　　m——从试样中沉淀出来的硫酸钡的质量,mg。

七、计算

$$c_{(SO_4^{2-},\,mg/L)} = \frac{m \times 0.4115 \times 1000}{V}$$

式中:m——从试样中沉淀出来的硫酸钡的质量,mg;

　　　V——所取待测水样的体积, mL;

　　0.4115——$BaSO_4$ 重量换算为 SO_4^{2-} 的系数。

八、干扰及消除

(1)样品中若包含悬浮物、硝酸盐、亚硫酸盐和二氧化硅,可使结果偏高,应预先去除。

(2)铁和铬等能影响硫酸盐的完全沉淀使测定结果偏低,碱金属硫酸盐也会使测定结果偏低,应预先去除。

九、注意事项

(1)酸度较大时会使生成的硫酸钡沉淀溶解度增大,因此沉淀时应选择合适的酸度。

(2)方法可测定硫酸盐含量 10 mg/L(以 SO_4^{2-} 计)以上的水样,测定上限为 5000 mg/L。

(3)方法可用于测定地表水、地下水、咸水、生活污水及工业废水中的硫酸盐。

十、思考题

(1)如果待测定水样有颜色是否影响测定?

（2）沉淀完全后为什么还要进行陈化？

（3）用洗涤液或去离子水洗涤沉淀时，为什么要少量多次？

实验二　水中总不可滤残渣（悬浮物）的测定

残渣分为总残渣、总可滤残渣和总不可滤残渣，是表征水中不溶性物质含量的指标。

一、实验目的

（1）掌握残渣的基本概念和测定方法。

（2）掌握恒重的操作步骤。

二、实验原理

（1）总残渣：水或废水在一定温度下蒸发、烘干后剩余的物质。包括总可滤残渣和总不可滤残渣。即在称至恒重的蒸发皿中，加入水样，于蒸气浴或水浴上蒸干，放在 $103 \sim 105\ ℃$ 烘箱内烘干至恒重，增加的质量即为总残渣量。

（2）总可滤残渣：将用 $0.45\ \mu m$ 滤膜过滤后的水样在恒重的蒸发皿或称量瓶内蒸干，再在一定的温度下烘干至恒重所增加的质量。一般测定在 $103 \sim 105\ ℃$ 烘箱内烘干的总可滤残渣。有时测定液在 $(108 \pm 2)\ ℃$ 条件下进行。

（3）总不可滤残渣：水样用 $0.45\ \mu m$ 滤膜过滤后，留在滤器上的固体物质，于 $103 \sim 105\ ℃$ 烘干至恒重，得到的物质质量称为总不可滤残渣，也称悬浮物。

将一定体积的水样用定量滤纸过滤后，将截留的固体物放入 $103 \sim 105\ ℃$ 烘箱内烘干至恒重并称重，用 mg/L 表示水中悬浮物的含量。

三、实验仪器和设备

（1）水浴锅。

（2）烘箱。

（3）全玻璃微孔滤膜过滤器。

（4）CN－CA 滤膜，孔径为 $0.45\ \mu m$，直径 60 mm。

（5）吸滤瓶、真空泵。

（6）玻璃干燥器。

（7）万分之一电子天平。

四、实验步骤

1. 滤膜的恒重

将所用的称量瓶编号（称量瓶盖和瓶体必须一一对应进行编号），用无齿扁嘴镊子夹取滤膜放入称量瓶中(注意滤膜与称量瓶必须一一对应),放入烘箱,打开瓶盖,在103~105℃烘干2小时,取出后盖好瓶盖,放入干燥器中冷却15~20分钟,称重,反复冷却、称重至恒重(两次称量差不大于0.3 mg即为恒重)。

2. 滤膜的安放

将恒重的滤膜放在滤膜过滤器的托盘上,加盖配套的漏斗,用夹子固定好。注意漏斗边缘要比滤膜上沿高出0.5~1 cm。用洗瓶吹出细水流以润湿滤膜,并不断抽滤。

3. 水样的过滤

将去除漂浮物的水样摇匀,用移液管准确量取100.0 mL进行抽滤,使水分全部通过滤膜。

4. 悬浮物的恒重

停止抽滤后,取下滤膜,放入原恒重过的称量瓶中,移入103~105 ℃烘箱中,打开瓶盖烘干1小时,取出后盖好瓶盖,放入干燥器,冷却至室温后称重,反复烘干、冷却、称重直至恒重(前后两次重量差不大于0.3 mg)。

五、原始数据记录

数据记录于表3-3中。

表3-3　重量法测定水中悬浮物　　　　　　年　月　日

次数 项目	Ⅰ	Ⅱ	Ⅲ
V/mL			
A/g			
B/g			

注:V——所取待测水样的体积, mL;

　A——悬浮固体+滤膜及称量瓶重,g;

　B——滤膜及称量瓶重,g。

六、计算

$$SS(\text{mg/L}) = \frac{(A - B) \times 1000 \times 1000}{V}$$

式中:SS——悬浮固体, mg/L;

　　A——悬浮固体+滤纸及称量瓶重,g;

　　B——滤纸及称量瓶重,g;

　　V——所取待测水样的体积, mL。

七、干扰及消除

测定水中悬浮物之前,应将树枝、水草等大型漂浮物去除。

八、注意事项

(1)水样中不能加入任何保护剂,以防止破坏物质在固、液相间的分配平衡。

(2)滤膜上的残渣量为 50～100 mg 为宜,过少,称量误差较大。过多则会延长烘干时间,还有可能造成抽滤困难。

(3)烘干温度和时间对测定结果有重要的影响。因此实验中应严格控制烘干温度和时间。

(4)采用不同滤料所测得的结果会存在差异,应在分析结果中加以说明。

九、思考题

(1)测定过程中,称量瓶盖和瓶体必须一一对应。注意滤纸与称量瓶必须一一对应放置的目的是什么?

(2)过滤水样时,为什么液面需低于滤纸上边缘 5～6 mm?

实验三　土壤含水量的测定

一、实验目的

掌握土壤自然含水量的基本概念和测定方法。

二、实验原理

土壤样品在(105±2)℃烘至恒重时的失重,即为土壤样品的自然含水量,简称土壤含水量。

三、实验仪器和设备

(1)电热恒温鼓风干燥箱。
(2)玻璃干燥器。
(3)称量瓶。
(4)万分之一电子天平。

四、实验步骤

将所用的大称量瓶编号(称量瓶盖和瓶体必须一一对应进行编号),放入烘箱,打开瓶盖,在(105±2)℃烘干 2 小时,取出后盖好瓶盖,放入干燥器中冷却 15

~20 分钟,称重,反复冷却、称重至恒重(两次称量差不大于 0.5 mg 即为恒重)。

将盛有新鲜土样的称量瓶在电子天平上称重,将瓶盖打开放在瓶体旁,置于已预热至(105 ±2)℃的恒温干燥箱中烘 6 ~8 小时(一般样品烘 6 小时,含水较多、质地黏重样品烘 8 小时)。取出,盖好,在干燥器中冷却约 30 分钟至室温,立即称重。精确值 10 mg。

五、原始数据记录

数据记录于表 3 - 4 中。

表 3 - 4　重量法测定土壤自然含水量　　　　　年　月　日

次数 项目	I	II	III
m_0/mL			
m_1/g			
m_2/g			

六、计算

$$含水量 = \frac{m_1 - m_2}{m_2 - m_0} \times 100\%$$

式中:m_0——烘干后的称量瓶质量,g;

　　　m_1——烘干前称量瓶及土样质量,g;

　　　m_2——烘干后称量瓶及土样质量,g。

七、注意事项

(1)严格控制烘干温度为(105 小时 ±2)℃,温度过高会导致土壤有机质炭化。

(2)一般土壤烘 6 小时即可烘至恒重。对于含水多、黏性大的土壤需烘 8 小时左右。

实验四　空气中总悬浮颗粒物(TSP)的测定

空气中的颗粒物分为总悬浮颗粒物(TSP)、PM10 和 PM2.5,是表征大气中不同粒径颗粒物含量的指标。TSP 指空气中动力学直径小于 100 μm 的颗粒物;PM10 是指悬浮在空气中的动力学直径小于 10 μm 的颗粒物;PM2.5 是指空气动力学直径小于 2.5 μm 的颗粒物,也称为可入肺颗粒物。

一、实验目的

(1)了解大气中悬浮颗粒物的基本概念。

(2)掌握重量法测定 TSP 的原理和步骤。

二、实验原理

利用大气采样器以恒速抽取定量体积的空气,空气中粒径小于 100 μm 的悬浮颗粒物,被截留在已恒重的滤膜上。根据采样前、后滤膜重量之差及采气体积,可求出大气中总悬浮颗粒物的质量浓度。

三、实验仪器和设备

(1)空气采样器及流量计。

(2)超细玻璃纤维滤膜。

(3)信封(用于存放滤膜)。

(4)镊子(用于夹取滤膜)。

(5)玻璃干燥器。

(6)万分之一电子天平。

(7)气压计。

(8)温度计。

四、实验步骤

1. 滤膜的恒重

用镊子轻轻夹住滤膜,对光仔细检查,不得有针孔或任何缺陷。将检查过的合格滤膜放入减掉一半的信封中,放入玻璃干燥器中平衡 24 小时。取出,称量滤膜,滤膜称量精确到 0.1 mg,记录滤膜的重量。

2. 滤膜的安放

将空气采样器采样头顶盖打开,取出滤膜夹,擦拭干净。将已编号并称过的滤膜毛面向上,放在滤膜网托上,然后放滤膜夹,对正,拧紧。盖好采样头顶盖。

3. 采样

设置采样时间,启动仪器进行采样。记录采样期间现场的环境温度和平均气压。

采样结束后,打开采样头,用镊子轻轻取下滤膜。采样面向里,将滤膜对折后放回原信封中。

4. 尘膜的恒重及称量

将采样滤膜放入干燥器中,平衡 24 小时后,称量,精确到 0.1mg。记录尘膜的重量。

五、原始数据记录

数据记录于表 3 – 5 中。

表 3 – 5　重量法测定大气的总悬浮颗粒物(TSP)　　　　　年　月　日

次数 项目	I	II	III
W_1/g			
W_0/g			
V/m^3			

注:W_1——尘膜重量,g;

　W_0——空白膜重量,g;

　V——标准状况下的累积采样体积,m^3。

六、计算

$$TSP(mg/m^3) = \frac{(W_1 - W_0) \times 1000}{V}$$

式中:W_1——尘膜重量,g;

　　W_0——空白膜重量,g;

　　V——标准状况下的累积采样体积,m^3。

七、注意事项

(1)采样前要对光仔细检查滤膜是否合格。

(2)采样时要注意滤膜安放正确,应"毛面向上"进行安放。

(3)注意空白膜和尘膜的恒重条件应严格一致。

(4)若采样器不能直接显示标准状况下的采样体积,应根据相应公式进行换算。

第4章　紫外-可见分光光度法

4.1　分光光度法简介

分光光度法是根据物质对光的选择性吸收而建立的方法。当利用一束平行单色光照射均匀、非散射的物质溶液时,物质对光的吸收程度符合朗伯-比尔(Lambert-Beer)定律。即溶液中吸光物质的吸光度(A)与该物质的浓度(c)及液层厚度(b)成正比。

$$A = \lg \frac{I_0}{I_t} = \varepsilon bc$$

式中:A——吸光度;

$\quad\varepsilon$——摩尔吸光系数[L/(mol·cm)];

$\quad b$——样品溶液的厚度(cm);

$\quad c$——溶液中待测物质的浓度(mol/L)。

根据 A 与 c 的线性关系,通过测定标准溶液和样品溶液的浓度,用标准曲线法即可求得样品中待测物质的浓度。

根据入射光波长的不同,光度法分为紫外吸收光谱法(入射光波长为 200～400 nm)和可见分光光度法(入射光波长为 400～780 nm)。

分光光度法广泛应用于无机物和有机物的定性和定量测定。它是目前我国环境监测项目上应用最多的一类方法,可用于测定水体中各种不同形态离子的浓度,大气中氮氧化物、二氧化硫以及水和土壤中不同形态氮、磷含量等。

4.2　分光光度法实验装置

利用分光光度法进行测定时,所用主要实验装置包括:比色管、比色皿、分光光度计。

4.2.1　比色管

比色管(colorimetrical cylinder)是平底圆柱形玻璃管,外型与普通试管相似,但比试管多一条精确的刻度线并配有玻璃塞,管壁比普通试管薄,不能加热(见图4-1)。常见规格有 10 mL、25 mL、50 mL 三种。紫外光度法中一般使用规格为 10

mL 的比色管,可见光度法中多使用规格为 50 mL 的比色管。在光度法中,比色管主要用于配制系列标准溶液(标准色阶)。使用比色管时应注意以下几点:

(1)比色管不能加热。

(2)使用时要将比色管放在管架上,不能直接放置在实验台面上。且比色管管壁较薄,需轻拿轻放。

(3)同一实验中要使用相同规格的比色管。

(4)清洗比色管时不能用硬毛刷刷洗,以免磨伤管壁影响透光度。

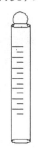

图 4-1　比色管

4.2.2　比色皿

比色皿(cuvette)为长方体,其底及两侧为毛玻璃,另两面为光学玻璃制成的透光面(见图 4-2)。根据光程(光玻璃面间的距离)不同,常用的比色皿主要有 0.5 cm、1 cm、2 cm、3 cm 四种规格。比色皿用于盛放待测定溶液。

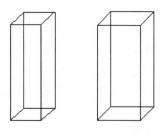

图 4-2　比色皿

1)比色皿的测试

比色皿一套为四个。在同一次实验中,必须使用光学性质一致的一套比色皿。为保证测定结果的准确性,使用前需对使用的比色皿的光学性质进行测试。比色皿的测试方法如下:

将分光光度计波长选择为实际测定使用的波长,将一套比色皿都注入蒸馏水,依次置于分光光度计试样室中的比色皿架上,将第一个格中的比色皿(参比皿)的吸光光度值调为"0",测量其他各只比色皿的吸光光度值,误差在 ±0.003 吸光度以内的比色皿,即可配套使用。

2)比色皿的清洗

(1)用乙醚和无水乙醇的混合液(各50%)清洗。

(2)对于难于洗净的比色皿,在通风橱中,用盐酸:水:甲醇(1:3:4)混合溶液泡洗(一般浸泡时间不超过10分钟)。然后依次用自来水、去离子水润洗。

(3)不要用洗洁精、铬酸洗液之类的清洁剂进行清洗。

(4)不能用硬布、毛刷刷洗。

3)比色皿使用注意事项

(1)拿取比色皿时,只能用手指接触两侧的毛玻璃,避免接触光学面。

(2)盛装溶液时,高度为比色皿的2/3处即可,光学面的残液可先用滤纸轻轻吸附,然后再用镜头纸或丝绸擦拭。

(3)向光度计的试样室中放入比色皿时,注意应使光玻璃面对准出光口。

(4)凡含有腐蚀玻璃的物质溶液,不得长期盛放在比色皿中。

(5)不能将比色皿放在火焰或电炉上进行加热或干燥箱内烘烤。

(6)当发现比色皿里面被污染后,应用无水乙醇清洗,及时擦拭干净。

(7)注意轻拿轻放,防止外力对比色皿的影响,产生应力后破损。

4.2.3　分光光度计仪器结构及使用

1)仪器结构

分光光度计的仪器结构如图4-3所示。仪器的主要部件包括光源、单色器、比色皿、检测器。

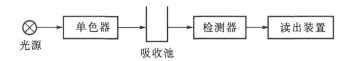

图4-3a　分光光度计结构示意图

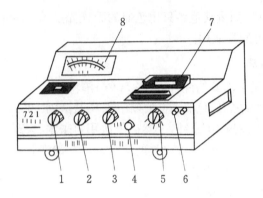

图 4 - 3b　721 型分光光度计面板功能图
1—波长调节旋钮;2—调"0"电位器;3—光量调节器;4—吸收池座架拉杆
5—灵敏度选择;6—电源开关;7—试样室盖;8—微安表

　　根据入射光波长的不同,分光光度计分为可见分光光度计和紫外光度计两种。可见光度计主要用于测定无机离子或无机化合物,需要将待测定的无机离子或无机化合物经显色反应转化为有色化合物后再进行测定。紫外光度计主要用于测定有机化合物。

　　(1)光源。光源的作用是提供稳定且强度足够大的连续光。可见分光光度计的光源一般为钨灯或卤钨灯,发出的入射光波长为 400 ~ 1000 nm。紫外光度计一般以氢灯或氘灯为光源。

　　(2)单色器。单色器也称分光系统,其作用是将光源发出的光分解为单色光。单色器有棱镜和光栅两种(721 型分光光度计以棱镜为单色器,722 型光度计以光栅为色散元件),现代分光光度计基本上采用光栅为分光元件。

　　(3)比色皿。也称吸收池、样品池,用于盛放待测溶液。比色皿用光学玻璃或石英制成。可见光度法中一般用玻璃比色皿,紫外光度法中须使用石英比色皿。

　　(4)检测系统:将接收到的光信号转换为电信号,经放大和对数转换后,以数字的形式显示吸光光度值(A)。

　　常用的分光光度计型号有 721 型单光束分光光度计、722 型单光束光栅分光光度计、UV - 2450 型双光束紫外-可见分光光度计等。

　　2)分析流程

　　在利用分光光度计进行样品的分析测定时,其基本流程是:光源发出的光经单色器分解后获得单色光,利用单色光照射比色皿中的待测溶液,待测溶液对光产生吸收,其吸收程度的大小被检测器检测,并将接收到的光信号转换为电信号同时放大,最后显示待测溶液的吸光光度值(A)。

3)分光光度计的操作步骤

(1)打开电源开关,打开样品室盖,预热 20 分钟。

(2)调节波长旋钮至测量波长。

(3)待仪器稳定后,选择(A/T)于"T"挡,按 0%T 钮使仪器显示 0.000。

(4)将参比溶液和待测溶液分别装入光学性质相同的比色皿中,依次置于样品室中的比色皿架上。一般将盛放参比溶液的比色皿放在第一格内。

(5)盖上样品室盖,推入拉杆,使参比溶液位于光路中,选择(A/T)于"A"挡,按"吸光零"钮,使参比溶液的吸光光度值为"0"。重复打开并合上试样室盖,反复调节光量调节旋钮,直至稳定不变。

(6)轻轻拉动比色皿架拉杆,使盛有待测溶液的比色皿进入光路,在表盘上直接读出该溶液的吸光光度值。

(7)将参比溶液比色皿再次推入光路,检查参比溶液的吸光度零值,然后将样品溶液的比色皿推入光路,重复测定一次。

(8)测量完毕后,关闭仪器电源。打开试样室盖,取出比色皿,洗净擦干。待仪器冷却后,盖上试样室盖,罩上仪器罩。

4.3　分光光度法实验

实验一　可见分光光度法测定水中微量铁

铁及其化合物均为低毒性和微毒性,含铁量高的水往往带黄色,有铁腥味,对水的外观有影响。我国有些城市饮用水用铁盐净化,若不能沉淀完全,影响水的色度和味感。铁含量较高的水如果作为印染、纺织、造纸等工业用水时,则会在产品上形成黄斑,影响质量,因此这些工业用水的铁含量必须在 0.1 mg/L 以下。水中铁的污染源主要是选矿、冶炼、炼铁、机械加工、工业电镀、酸洗废水等。

一、实验目的

(1)了解分光光度计的构造和使用方法。

(2)学习标准曲线的绘制。

(3)掌握邻菲啰啉分光光度法测定铁的原理和方法。

二、实验原理

邻菲罗啉(也称邻二氮菲)是测定微量铁的较好显色试剂。

pH = 2 ~ 9 的溶液中,邻菲罗啉与 Fe^{2+} 生成稳定的橘红色配合物。其反应式如下:

该配合物的最大吸收峰在 510 nm 处,摩尔吸光系数为 1.1×10^4 L/(mol·cm)。试样中的 Fe^{3+} 需用盐酸羟胺($NH_2OH \cdot HCl$)还原为 Fe^{2+},才能显色测定。

$$2 Fe^{3+} + 2 NH_2OH \cdot HCl = 2 Fe^{2+} + N_2 \uparrow + 2H_2O + 4H^+ + 2Cl^-$$

三、实验仪器和设备

(1)万分之一电子天平。

(2)721 型分光光度计(或 7220 型分光光度计)。

(3)50 mL 比色管(10 只)。

(4)1 cm 比色皿。

四、试剂

(1)100 μg/mL 铁标准储备液。称取 0.7020 g 硫酸亚铁铵[$(NH_4)_2Fe(SO_4)_2 \cdot 6H_2O$],溶于 20 mL(1+1)盐酸中,转移至 1000 mL 容量瓶中,加蒸馏水至标线,摇匀。此溶液每毫升含 100 μg 铁。

(2)25 μg/mL 铁标准使用液。准确移取 25.00 mL 铁标准储备液,置 100 mL 容量瓶中,加蒸馏水至标线,摇匀。此溶液每毫升含 25.0 μg 铁。

(3)0.5% 邻菲罗啉水溶液。称取 0.5 g 邻菲罗啉,溶于蒸馏水中并稀释至 100 mL,加数滴盐酸帮助溶解,贮于棕色瓶内,避光保存,溶液颜色变暗时即不能使用。

(4)10% 盐酸羟胺溶液。称取 10g 盐酸羟胺,溶于蒸馏水中并稀释至 100 mL。

(5)(1+1)盐酸溶液。

(6)(1+3)盐酸溶液。

(7)醋酸缓冲溶液(pH 值 =4.6)。68 g 乙酸钠(或 112.8 g 三水乙酸钠)溶于约 500 mL 蒸馏水中,加入 29 mL 冰醋酸,用蒸馏水稀释至 1000 mL。

(8)0.1 mol/L、1.0 mol/L 氢氧化钠溶液,各 100 mL。

五、实验步骤

(1)标准曲线的绘制。取 50 mL 具塞比色管 7 个,分别加入 25.0 μg/mL 的铁标准使用溶液 0.00 mL、1.00 mL、2.00 mL、4.00 mL、6.00 mL、8.00 mL、10.0 mL,

加 20 mL 蒸馏水,再加(1+3)盐酸 1 mL、10% 盐酸羟胺溶液 1 mL,摇匀(上下颠倒比色管),过 2 分钟后,加一小片刚果红试纸,滴加 0.1 mol/L 氢氧化钠溶液或 1.0 mol/L 氢氧化钠溶液至试纸刚刚变红,再各加 5 mL 醋酸缓冲溶液、2 mL 邻菲罗啉,加蒸馏水至 50 mL 刻度线,摇匀。显色 15 分钟后,用 10 mm 比色皿,以水为参比,在 510 nm 处测量吸光度,由经过空白校正的吸光度—铁含量绘制校准曲线。

(2)总铁的测定(与标准曲线同时进行)。

取 25.0 mL 混匀水样(代替标准溶液)置 50 mL 具塞比色管(3 个平行)中,加(1+3)盐酸和盐酸羟胺各 1 mL,摇匀。以下按绘制校准曲线同样操作,测量吸光度并做空白校正。

(3)计算。

根据标准曲线,由待测水样的吸光度在标准曲线上查出 25.0 mL 混合水样中的铁离子含量,以 μg 表示,并计算出混合水样中的铁离子的浓度,以 mg/L 表示结果。

六、原始数据记录

原始数据记入表 4-1、表 4-2 中。

表 4-1　标准曲线的绘制　　　　　　　年　月　日

Fe 标准溶液体积/mL	0.00	1.00	2.00	4.00	6.00	8.00	10.0
吸光度(A)							

表 4-2　水样的测定　　　　　　　年　月　日

次数	Ⅰ	Ⅱ	Ⅲ
吸光度(A)			

七、结果计算

$$c_{(Fe^{2+}, mg/L)} = \frac{m}{V}$$

式中:m——由水样的校正吸光度,从标准曲线上查得的铁含量,μg;

　　　V——水样体积,mL。

八、干扰及消除

(1)本方法的选择性很强,相当于铁含量 40 倍的 Sn^{2+}、Al^{3+}、Ca^{2+}、Mg^{2+}、

Zn^{2+}、SiO_3^{2-};20 倍的 Cr^{3+}、Mn^{2+}、$V(V)$、PO_4^{3-};5 倍的 Co^{2+}、Cu^{2+} 等均不干扰测定。

（2）强氧化剂、氰化物、亚硝酸盐、磷酸盐及某些重金属离子干扰测定。经过加酸煮沸可将氰化物及亚硝酸盐除去,并使焦磷酸等转化为正磷酸盐以减轻干扰。加入盐酸羟胺则可消除强氧化剂的影响。

九、注意事项

（1）显色时,加入还原剂、缓冲溶液、显色剂的顺序不能颠倒。
（2）绘制标准曲线时,向比色管中加入铁标准溶液时必须准确加入。

十、思考题

（1）本实验中盐酸羟胺的作用是什么?
（2）制作标准曲线时,加入试剂的顺序能否任意改变? 为什么?
（3）什么是参比溶液? 参比溶液的作用是什么? 本实验中如何选择参比溶液?

实验二　可见分光光度法测定水中 F⁻

氟化物（F^-）是人体必需的微量元素之一,缺氟易患龋齿病,饮用水中氟的适宜浓度为 0.5 ~ 1.0 mg/L（F^-）。当长期饮用含氟量高于 1 ~ 1.5 mg/L 的水时,则易患斑齿病。若水中含氟量高于 4 mg/L 时,则可导致氟骨病。

氟化物广泛存在于天然水体中。有色冶金、钢铁和铝加工、焦炭、玻璃、陶瓷、电子、电镀、化肥、农药厂的废水及含氟矿物的废水中都存在氟化物。

一、实验目的

（1）了解分光光度计的构造和使用方法。
（2）学习标准曲线的绘制方法。
（3）掌握分光光度法测定氟离子的原理和方法。

二、实验原理

氟离子在 pH4.1 的乙酸盐缓冲介质中,与氟试剂和硝酸镧反应,生成蓝色三元络合物,颜色强度与氟离子浓度成正比。在 620 nm 波长处定量测定 F^-。

氟试剂法可以测定 0.05 ~ 1.8 mg/LF^-。

三、实验仪器和设备

（1）万分之一电子天平。

（2）1000 mL 容量瓶。

（3）721 型分光光度计（或 7220 型分光光度计）。

（4）50 mL 比色管（10 只）。

（5）3 cm 比色皿。

四、试剂

（1）丙酮（C_2H_6CO）。

（2）100 μg/mL 氟标准储备液。称取 0.2210 g 基准氟化钠（NaF）（预先于 105～110 ℃干燥 2 小时），用水溶解后转移至 1000 mL 容量瓶中，加蒸馏水至标线，摇匀。马上转移入干燥洁净的聚乙烯瓶中贮存。此溶液每毫升含 100 μg 氟离子。

（3）4.00 μg/mL 氟标准使用液。准确移取 20.00 mL 铁标准储备液，置 500 mL 容量瓶中，加蒸馏水至标线，摇匀。此溶液每毫升含 4.0 μg 氟离子。

（4）0.001 mol/L 氟试剂溶液。称取 0.1930 g 氟试剂（3－甲基胺－茜素－二乙酸，简称 ALC），加 5 mL 去离子水润湿，滴加 1 mol/L 氢氧化钠溶液使其溶解，再加 0.125 g 乙酸钠（$CH_3COONa \cdot 3H_2O$），用 1 mol/L 盐酸溶液调节 pH 值至 5.0，用去离子水稀释至 500 mL，贮存于棕色瓶中。

（5）0.001 mol/L 硝酸镧溶液。称取 0.433g 硝酸镧［$La(NO_3)_3 \cdot 6H_2O$］，用少量 1 mol/L 盐酸帮助溶解，以 1 mol/L 乙酸钠溶液调节 pH 值为 4.1，用去离子水稀释至 1000 mL。

（6）醋酸缓冲溶液（pH 值 =4.1）。称取 35 g 无水乙酸钠（CH_3COONa）溶于约 800 mL 去离子水中，加入 75 mL 冰醋酸，用蒸馏水稀释至 1000 mL，用乙酸或氢氧化钠溶液在 pH 计上调节 pH 为 4.1。

（7）混合显色剂。取氟试剂溶液、缓冲溶液、丙酮及硝酸镧溶液按体积比为 3:1:3:3 混合即得，临用时配制。

（8）1 mol/L 盐酸溶液。量取 8.4 mL 浓盐酸用水稀释至 100 mL。

（9）1.0 mol/L 氢氧化钠溶液。称取 4g 氢氧化钠溶于水，稀释至 100 mL。

五、实验步骤

1. 标准曲线的绘制

取 50 mL 具塞比色管 6 个，分别加入 4.00 μg/mL 的氟化物标准使用溶液 0.00 mL、1.00 mL、2.00 mL、4.00 mL、6.00 mL、8.00 mL，加去离子水稀释至 25 mL，准确加入 20.0 mL 混合显色剂，用去离子水稀释至标线，摇匀。放置 30 分钟后，用 30 mm 比色皿，以水为参比，在 620 nm 处，以试剂空白为参比，测定吸光度,绘制吸光度—氟离子含量标准曲线。

2. 样品的测定(与标准曲线同时进行)

取 25.0 mL 混匀水样置于 50 mL 具塞比色管中,准确加入 20.0 mL 混合显色剂,用去离子水稀释至标线,摇匀。放置 30 分钟后,用 30 mm 比色皿,以水为参比,在 620 nm 处,以试剂空白为参比,测定吸光度。每个样品三个平行。

3. 计算

根据标准曲线,由待测水样的吸光度在标准曲线上查出 25.0 mL 混合水样中的氟离子含量,以 μg 表示,并计算出混合水样中氟离子的浓度,以 mg/L 表示结果。

六、原始数据记录

数据记入表 4-3、表 4-4。

表 4-3 标准曲线的绘制   年 月 日

氟标准溶液体积/mL	0.00	1.00	2.00	4.00	6.00	8.00
吸光度(A)						

表 4-4 水样的测定   年 月 日

次数	Ⅰ	Ⅱ	Ⅲ
吸光度(A)			

七、结果计算

$$c_{(F^-, mg/L)} = \frac{m}{V}$$

式中:m——由水样的吸光度,从标准曲线上查得的氟离子含量,μg;

V——水样体积, mL。

八、干扰及消除

本方法的选择性很强,相当于氟含量 20 倍 PO_4^{3-}、SiO_3^{2-},2 倍的 Cu^{2+}、Mn^{2+}、Pb^{2+} 等均不干扰测定。

九、注意事项

若水样呈强酸性或强碱性,应在测定前用 1 mol/L 氢氧化钠或 1 mol/L 盐酸溶液调节至中性。

十、思考题

为什么要在聚乙烯瓶中保存氟化物标准溶液?

实验三　水中六价铬的测定——二苯碳酰二肼分光光度法

铬(Cr)的化合物常见的价态有三价和六价。在水体中,六价铬一般以 CrO_4^{2-}、$Cr_2O_7^{2-}$、$HCrO_4^-$ 三种阴离子形式存在,受水中 pH 值、有机物、氧化还原物质、温度及硬度等条件影响,三价铬和六价铬的化合物可以互相转化。

铬是生物体所必需的微量元素之一。铬的毒性与其存在价态有关,六价铬的毒性比三价铬高 100 倍,六价铬更易被人体吸收而且在体内蓄积,导致肝癌。因此我国已把六价铬规定为实施总量控制的指标之一。当水中六价铬浓度为 1 mg/L 时,水呈淡黄色并有涩味。三价铬浓度为 1 mg/L 时,水的浊度明显增加,三价铬化合物对鱼的毒性比六价铬大。

铬的污染来源主要是含铬矿石的加工、金属表面处理、皮革鞣制、印染等行业。

一、实验目的

掌握二苯碳酰二肼分光光度法测定铬离子的原理和方法。

二、实验原理

在酸性溶液中,六价铬可与二苯碳酰二肼反应,生成紫红色配合物,其最大吸收波长为 540 nm,摩尔吸光系数为 4×10^4 L/(mol·cm)。

三、实验仪器和设备

(1)万分之一电子天平。

(2)1000 mL 容量瓶。

(3)721 型分光光度计(或 7220 型分光光度计)。

(4)50 mL 比色管(10 只)。

(5)10 mm、30 mm 比色皿。

四、试剂

(1)丙酮。

(2)二苯碳酰二肼溶液。称取二苯碳酰二肼($C_{13}H_{14}N_4O$)0.2 g,溶于 50 mL 丙酮中,加蒸馏水稀释至 100 mL,摇匀,储于棕色瓶中,置冰箱中保存。色变深后不能使用。

(3)100.0 μg/mL 铬标准储备液。称取于 120 ℃ 干燥 2 小时并冷却至室温的重铬酸钾($K_2Cr_2O_7$,优级纯)0.2829 g,用蒸馏水溶解后,移入 1000 mL 容量瓶中,用蒸馏水稀释至标线,摇匀。此溶液每毫升含有 100 μg 六价铬。

(4)1.00 μg/mL 铬标准使用溶液。吸取铬标准储备液 5.0 mL,准确稀释到 500 mL,此溶液每毫升含有 1.0 μg 六价铬。临用前稀释。

(5)(1 + 1)硫酸溶液。将硫酸($\rho = 1.84$ g/mL)缓缓加入到同体积水中,混匀。

(6)(1 + 1)磷酸溶液。将磷酸($\rho = 1.69$ g/mL)与等体积水混合。

五、实验步骤

1. 标准曲线的绘制

取 8 只 50 mL 比色管,分别加入 1.00 μg/mL 铬标准使用溶液 0.00 mL、0.50 mL、1.00 mL、2.00 mL、4.00 mL、6.00 mL、8.00 mL 和 10.00 mL,加蒸馏水至 40 mL 左右,加入(1 +1)硫酸溶液 0.5 mL 和(1 +1)磷酸溶液 0.5 mL,摇匀。加二苯碳酰二肼显色剂 2.0 mL,摇匀。放置 5 ~ 10 分钟后,于 540 nm 波长处,用 10 mm 或 30 mm 比色皿,以水作参比测定吸光度,并作空白校正,并绘制吸光度—六价铬含量校准曲线。

2. 水样的测定(与标准曲线同时进行)

取 10.0 mL 无色透明的待测水样,置 50 mL 比色管中,用蒸馏水稀释至 40 mL 左右,然后按照和标准曲线相同的实验步骤操作。从标准曲线上查得六价铬含量。

3. 计算

根据标准曲线,由待测水样的吸光度在标准曲线上查出 10.0 mL 水样中的铬离子含量,以 μg 表示,并计算出混合水样中的铬离子的浓度,以 mg/L 表示结果。

六、原始数据记录

数据记入表 4 - 5、表 4 - 6 中。

表 4 - 5　　标准曲线的绘制　　　　　　年　　月　　日

铬标准溶液体积/mL	0.00	0.50	1.00	2.00	4.00	6.00	8.00	10.0
吸光度(A)								

表 4 - 6　　水样的测定　　　　　　年　　月　　日

次数	Ⅰ	Ⅱ	Ⅲ
吸光度(A)			

七、计算

$$六价铬(Cr^{6+}, mg/L) = \frac{m}{V}$$

式中：m——从标准曲线上查得六价铬的含量，μg；

　　　V——水样体积，mL。

八、干扰及消除

（1）含铁量大于 1 mg/L 的水样显黄色，六价钼和汞也和显色剂反应生成有色化合物，但在本方法的显色酸度下反应不灵敏。

（2）钒含量高于 4 mg/L 时干扰测定，但钒与显色剂反应后 10 分钟，可自行褪色。

（3）氧化性及还原性物质，如 ClO^-、Fe^{2+}、SO_3^{2-}、$S_2O_3^{2-}$ 等，以及水样有色或浑浊时，对测定有干扰需进行预处理。

九、注意事项

（1）本实验中所有器皿不能用铬酸洗液清洗，可用合成洗涤剂洗涤后再用浓硝酸洗涤，然后依次用自来水、蒸馏水淋洗干净。

（2）当水样中六价铬含量较高，标准使用液六价铬的浓度应为 5.00 $\mu g/mL$，同时显色剂的浓度也要相应增加 5 倍，即 1 g 二苯碳酰二肼溶于 50 mL 丙酮中；使用 10 mm 比色皿。

十、思考题

（1）什么叫空白溶液？空白溶液在实验中有何作用？

（2）本实验中各试剂的配制和加入，哪些必须很准确（用移液管、容量瓶）？哪些不必很准确（用量筒）？为什么？

（3）本实验中，所用器皿为什么不能用重铬酸钾洗液洗涤？

实验四　可见分光光度法测定水中氨氮

氨氮（NH_3-N）是指水中以游离氨（NH_3）或铵离子（NH_4^+）形式存在的氮。两者的组成比例取决于水的 pH 值和水温。当 pH 值较高时，游离氨的比例较高；反之，则铵盐比例高。水温则相反。

自然地表水体和地下水体中氮主要以硝酸盐氮（NO_3^-）为主，水中氨氮的主要来源为生活污水中含氮有机物受微生物作用的分解产物。某些工业废水，如焦化厂和合成氨化肥厂废水以及农田排水中也含有氨氮。

氨氮是水体中的营养元素,可导致水富营养化现象发生,是水体中的主要耗氧污染物,对鱼类及某些水生生物有毒害。

一、实验目的

掌握纳氏试剂光度法测定氨氮的原理和方法。

二、实验原理

碘化汞和碘化钾的碱性溶液与氨反应生成淡红棕色胶态化合物,其色度与氨氮含量成正比,通常可在波长 $410 \sim 425$ nm 范围内测其吸光度,计算氨氮含量。

方法的最低检出浓度为 0.025 mg/L(光度法),测定上限为 2 mg/L。

水样做适当的预处理后,可用于地面水、地下水、工业废水和生活污水中氨氮的测定。

三、实验仪器和设备

(1)万分之一电子天平。

(2)1000 mL 容量瓶。

(3)721 型分光光度计(或 7220 型分光光度计)。

(4)50 mL 比色管(10 只)。

(5)10 mm、20 mm、30 mm 比色皿。

(6)pH 计。

四、试剂

(1)纳氏试剂。称取 16 g 氢氧化钠,溶于 50 mL 水中,充分冷却至室温。另称取 7 g 碘化钾和 10 g 碘化汞溶于水,然后将此溶液边搅拌边徐徐注入氢氧化钠溶液中,用水稀释至 100 mL,贮存于聚乙烯瓶中,密封保存。

(2)酒石酸钾钠溶液:称取 50 g 酒石酸钾钠($KNaC_4H_4O_6 \cdot 4H_2O$)溶于 100 mL 水中,加热煮沸以除去氨,放冷,定容至 100 mL。

(3)1000.0 mg/L 铵标准储备溶液。称取 3.819 g 经 100℃ 干燥过的优级纯氯化铵(NH_4Cl)溶于水中,移入 1000 mL 容量瓶中,稀释至标线。此溶液每毫升含 1.00 mg 氨氮。

(4)10.0 mg/L 铵标准使用溶液:移取 5.00 mL 铵标准储备液于 500 mL 容量瓶中,用水稀释至标线。此溶液每升含 10 mg 氨氮。

五、实验步骤

1. 标准曲线的绘制

吸取 0 mL、0.50 mL、1.00 mL、3.00 mL、5.00 mL、7.00 mL 和 10.0 mL 铵标准使用液分别于 50 mL 比色管中,加水至标线,加 1.0 mL 酒石酸钾钠溶液,混匀。加 1.5 mL 纳氏试剂,混匀。放置 10 分钟后,在波长 420 nm 处,用光程 20 mm 比色皿,以水为参比,测定吸光度。

由测得的吸光度,减去零浓度空白管的吸光度后,得到校正吸光度,绘制以氨氮含量(mg)对校正吸光度的标准曲线。

2. 水样的测定(与标准曲线同时进行)

分取 25.0 mL 待测定水样,加入 50 mL 比色管中,稀释至标线,加 1.0 mL 酒石酸钾钠溶液,加 1.5 mL 纳氏试剂,混匀。放置 10 分钟后,同标准曲线步骤测量吸光度。

3. 计算

根据标准曲线,由待测水样的吸光度在标准曲线上查出水样中的氨氮离子含量,以 mg 表示,并计算出水样中的氨氮浓度,以 mg/L 表示结果。

六、原始数据记录

原始数据记入表 4-7、表 4-8。

表 4-7　铵标准曲线的绘制　　　　　　　　　年　月　日

铵标准溶液体积/mL	0.00	0.50	1.00	3.00	5.00	7.00	10.0
吸光度(A)							

表 4-8　水样的测定　　　　　　　　　年　月　日

次数	I	II	III
吸光度(A)			

七、计算

$$氨氮浓度(\mathrm{N}, \mathrm{mg/L}) = \frac{m}{V} \times 1000$$

式中:m——从标准曲线上查得氨氮的含量,mg;

　　　V——水样体积,mL。

八、干扰及消除

（1）脂肪胺、芳香胺、醛类、丙酮、醇类和有机氯胺等有机化合物，以及铁、锰、镁和硫等无机离子，因产生异色或浑浊而引起干扰，水中颜色和浑浊亦影响比色。为此，需经絮凝沉淀过滤或蒸馏处理。

（2）易挥发的还原性干扰物质，可在酸性条件下加热除去。

（3）金属离子的干扰，可加掩蔽剂消除。

九、注意事项

（1）纳氏试剂中碘化汞与碘化钾的比例，对显色反应的灵敏度有较大影响，静置后生成的沉淀应除去。

（2）滤纸中常含痕量铵盐，使用时注意用无氨水洗涤。所有玻璃器皿应避免实验室空气中的玷污。

十、思考题

（1）纳氏试剂中含有重金属离子汞，实验结束时，应如何处置实验废液？

（2）以 410 nm 为测定波长进行测定，结果如何？

实验五　紫外分光光度法测定水中总氮

总氮（total nitrogen，TN），是水中各种形态无机和有机氮的总量，包括 NO_3^-、NO_2^- 和 NH_4^+ 等无机氮和蛋白质、氨基酸和有机胺等有机氮。水中的总氮含量是衡量水质的重要指标之一，常被用来表示水体受营养物质污染的程度。

一、实验目的

掌握紫外分光光度法测定总氮的原理和方法。

二、实验原理

在碱性条件下，用过硫酸钾作氧化剂，可将水样中的氨氮、亚硝酸盐氮及大部分有机氮化合物氧化为硝酸盐。然后，用紫外分光光度法分别于波长 220 nm 和 275 nm 处测定其吸光度，按 $A = A_{220} - 2A_{275}$ 计算硝酸盐氮的吸光光度值，从而计算总氮的含量。其摩尔吸光系数为 1.47×10^3 L/（mol·cm）。

方法的检测下限为 0.05 mg/L；测定上限为 4 mg/L。

三、实验仪器和设备

（1）万分之一电子天平。

（2）1000 mL 容量瓶。

（3）紫外分光光度计。

（4）25 mL 具塞玻璃磨口比色管(10 只)。

（5）10 mm 石英比色皿。

（6）压力蒸汽消毒器。

四、试剂

（1）无氨水或新制备的去离子水。

（2）(1 +9)盐酸。

（3）20% 氢氧化钠溶液。称取 2g 氢氧化钠溶于无氨水,稀释至 100 mL。

（4）碱性过硫酸钾溶液。称取 40 g 过硫酸钾($K_2S_2O_8$),15gNaOH,溶于无氨水中,稀释至 1000 mL。溶液存放在聚乙烯瓶中,可贮存一周。

（5）100 mg/L 硝酸钾储备液:称取 0.7218 g 经 105 ~110℃烘干 4 小时的优级纯硝酸钾(KNO_3)溶于无氨水中,移入 1000 mL 容量瓶中,定容。此溶液每毫升含 100 μg 硝酸盐氮。加入 2 mL 三氯甲烷为保护剂,至少可稳定 6 个月。

（6）10 mg/L 硝酸钾标准使用液:将储备液用无氨水稀释 10 倍而得。此溶液每毫升含 10 μg 硝酸盐氮。

五、实验步骤

1. 标准曲线的绘制

（1）分别吸取 0 mL、0.50 mL、1.00 mL、2.00 mL、3.00 mL、5.00 mL、7.00 mL 和 8.00 mL 硝酸钾标准使用液分别于 25 mL 比色管中,用无氨水稀释至 10 mL 标线。

（2）加入 5 mL 碱性过硫酸钾,塞紧磨口塞,用纱布裹紧管塞,以防加热时迸溅。

（3）将比色管置于压力蒸汽消毒器中,加热 0.5 小时,放气使压力指针回零。然后升温至 120 ~124℃开始计时,使比色管在过热水蒸气中加热 0.5 小时。

（4）自然冷却,开阀放气,移去外盖,取出比色管并冷至室温。

（5）加入(1 +9)盐酸 1 mL,用无氨水稀释至 25 mL 标线。

（6）在紫外光度计上,以无氨水作参比,用 10 mm 石英比色皿分别在 220 nm 及 275 nm 波长处测定吸光度。计算 $A = A_{220} - 2A_{275}$,即为总氮的吸光度值。

（7）由测得的吸光度,减去零浓度空白管的吸光度后,得到校正吸光度,以 $A = (A_{220} - 2A_{275}) - A_0$ 为纵坐标,总氮质量为横坐标,绘制标准曲线。

2. 样品的测定(与标准曲线同时进行)

移取 10.0 mL 待测定水样,加入 25 mL 比色管中,按标准曲线②至⑥操作,测定样品的吸光度,根据公式 $A = (A_{220} - 2A_{275}) - A_0$ 计算样品的吸光度值。

3. 计算

根据标准曲线,由待测水样的吸光度在标准曲线上查出水样中的总氮含量,以 μg 表示,并根据"七"的公式计算出水样中的总氮浓度,以 mg/L 表示结果。

六、原始数据记录

数据记入表 4-9、表 4-10。

表 4-9　标准曲线的绘制　　　　　　　　年　月　日

硝酸钾标准溶液体/mL	0.00	0.50	1.00	2.00	3.00	5.00	7.00	8.00
吸光度(A)								

表 4-10　水样的测定　　　　　　　　年　月　日

次数	Ⅰ	Ⅱ	Ⅲ
吸光度(A)			

七、计算

$$总氮浓度(mg/L) = \frac{m}{V}$$

式中:m——从标准曲线上查得的含氮量,μg;

　　　V——水样体积,mL。

八、干扰及消除

(1)水样中含有六价铬离子及三价铁离子时,可加入 5% 盐酸羟胺溶液 1~2 mL 以消除其对测定的影响。

(2)碳酸盐及碳酸氢盐对测定有影响,在加入一定量的盐酸后可消除。

(3)硫酸盐及氯化物对测定无影响。

九、注意事项

(1)实验中所用的玻璃器皿可用 10% 盐酸浸洗,用蒸馏水冲洗后再用无氨水冲洗。

(2)所用玻璃具塞比色管的密合性应良好。使用压力蒸汽消毒器时,冷却后放气要缓慢,要充分冷却后方可揭开锅盖,以免比色管蹦出。

十、思考题

(1)过硫酸钾是如何把不同形态的氮氧化为硝酸盐氮的?

(2)如果只需要测定水样中的硝酸盐氮,应如何进行测定?

实验六　钼酸铵分光光度法测定水中总磷

水中磷可以以元素磷、正磷酸盐、缩合磷酸盐、焦磷酸盐、偏磷酸盐和有机团结合的磷酸盐等形式存在。其主要来源为生活污水、化肥、有机磷农药及近代洗涤剂所用的磷酸盐增洁剂等。磷酸盐会干扰污水厂中的混凝过程。水体中的磷是藻类生长需要的一种关键元素,过量磷是造成水体污秽异臭,使湖泊发生富营养化和海湾出现赤潮的主要原因。

一、实验目的

掌握分光光度法测定总磷的原理和方法。

二、实验原理

在中性条件下用过硫酸钾使试样消解,将所含磷全部氧化为正磷酸盐。在酸性条件下,正磷酸盐与钼酸铵、酒石酸锑钾反应,生成磷钼杂多酸后,被抗坏血酸还原,生成蓝色配合物,通常称为磷钼蓝。测定波长为 700 nm。

方法的检测下限为 0.01 mg/L;测定上限为 0.6 mg/L。

三、实验仪器和设备

(1)万分之一电子天平。

(2)1000 mL 容量瓶。

(3)可见分光光度计。

(4)50 mL 具塞玻璃磨口比色管。

(5)10 mm 或 30 mm 玻璃比色皿。

(6)压力蒸汽消毒器。

四、试剂

(1)(1+1)硫酸。

(2)5% 过硫酸钾溶液:称取 5 g 过硫酸钾($K_2S_2O_8$),溶于水中,稀释至 100 mL。

(3)10% 抗坏血酸溶液:溶解 10 g 抗坏血酸($C_6H_8O_6$)于水中,并稀释至 100 mL。此溶液贮于棕色的试剂瓶中,在 4 ℃ 可稳定几周。如颜色变黄,则弃去重配。

(4)钼酸铵溶液:溶解 13 g 钼酸铵$[(NH_4)_6Mo_7O_{24}\cdot4H_2O]$于 100 mL 水中。

溶解 0.35 g 酒石酸锑钾[$K(SbO)C_4H_4O_6 \cdot 1/2H_2O$]于 100 mL 水中。在不断搅拌下把钼酸铵溶液徐徐加到 300 mL(1 + 1)硫酸中,加酒石酸锑钾溶液并且混合均匀。此溶液贮存于棕色试剂瓶中,放在约 4℃处可保存两个月。

(5)50 mg/L 磷酸盐储备液:称取 0.2197 g 经 110℃烘干 2 小时的优级纯磷酸二氢钾(KH_2PO_4)溶于水中,移入 1000 mL 容量瓶中,加(1 + 1)硫酸 5 mL,用水稀释至标线。此溶液每毫升含 50.0 μg 磷。

(6)2 mg/L 磷酸盐标准使用液:吸取 10.0 mL 的磷酸盐储备液于 250 mL 容量瓶中,用水稀释至标线并混匀。此标准溶液每毫升含 2.00 μg 磷。使用当天配制。

五、实验步骤

1. 过硫酸钾消解

(1)吸取 25.0 mL 混匀水样(含磷量不超过 30 μg)于 50 mL 具塞玻璃磨口比色管中,加 4 mL 过硫酸钾,将具塞刻度管的盖塞塞紧后,用一小块布和线将玻璃塞扎紧(或用其他方法固定),放在大烧杯中置于高压蒸气消毒器中加热,待锅内压力达 1.1 kg/cm²(相应温度为 120 ℃时),保持此压力 30 分钟后,停止加热。待压力表读数降至零后,取出放冷(如溶液浑浊,则用滤纸过滤),用水稀释至标线。

(2)试剂空白和标准溶液系列也经同样的消解操作。

2. 标准曲线的绘制

(1)分别吸取 0 mL、0.50 mL、1.00 mL、3.00 mL、5.00 mL、10.0 mL 和 15.0 mL 磷酸盐标准使用液分别于 50 mL 比色管中,加水稀释至 50 mL 标线。

(2)向比色管中加入 1 mL10% 抗坏血酸,混匀。30 秒后加入 2 mL 钼酸盐溶液充分混匀,放置 15 分钟。

(3)用 10 mm 或 30 mm 玻璃比色皿,在 700 nm 波长处,以空白溶液为参比,测定吸光度。

(4)由测得的吸光度为纵坐标,总磷质量为横坐标,绘制标准曲线。

3. 样品的测定(与标准曲线同时进行)

移取 10.0 mL 待测定水样,加入 50 mL 比色管中,用水稀释至标线。以下按(2)至(3)测定样品的吸光度。

4. 计算

根据标准曲线,由待测水样的吸光度在标准曲线上查出水样中的总磷含量,以 μg 表示,并根据"七"的公式计算出水样中的总磷浓度,以 mg/L 表示结果。

六、原始数据记录

数据记入表 4 - 11、表 4 - 12。

表 4－11 标准曲线的绘制						年 月 日	
磷标准溶液体积/mL	0.00	0.50	1.00	3.00	5.00	10.00	15.00
吸光度(A)							

表 4－12 水样的测定		年 月 日
次数	Ⅰ	Ⅱ	Ⅲ
吸光度(A)			

七、计算

$$总磷浓度(mg/L) = \frac{m}{V}$$

式中:m——从标准曲线上查得的含磷量,μg;

V——水样体积,mL。

八、干扰及消除

(1)六价铬大于 50 mg/L 时有干扰,用亚硫酸钠除去。砷含量大于 2 mg/L 有干扰,可用硫代硫酸钠除去。硫化物大于 2 mg/L 有干扰,在酸性条件下通氮气可除去。

(2)亚硝酸盐大于 1 mg/L 有干扰,用氧化消解或加氨磺酸除去。

(3)铁浓度为 20 mg/L,使结果偏低 5%。

九、注意事项

(1)室温低于 13℃时,可在 20～30℃水浴中显色 15 分钟。

(2)实验所用的玻璃器皿可用(1＋5)盐酸浸泡 2 小时,或用不含磷酸盐的洗涤剂刷洗。

(3)比色皿使用后以稀硝酸或铬酸洗液浸泡片刻,以除去吸附的钼蓝有色物。

十、思考题

(1)过硫酸钾消解的目的是什么?

(2)如需测定水样中的可溶性正磷酸盐,应如何进行测定?

第5章　原子吸收光谱法

5.1　原子吸收光谱法简介

原子吸收光谱法(atomic absorption spectrometry，AAS)，也称为原子吸收分光光度法。它是根据待测元素的基态原子蒸气对其特征谱线的吸收而对待测元素进行定量分析的一种仪器分析方法。原子吸收光谱法具有灵敏度高、选择性好等优点。该方法主要用于样品中微量及痕量金属元素和部分非金属元素的分析，是分析环境样品中重金属元素常用的一种方法。

5.2　原子吸收光谱仪及其操作步骤

5.2.1　基本原理

原子吸收光谱法是利用待测元素的气态基态原子可以吸收一定波长的光辐射,使原子中外层的电子从基态跃迁到激发态的现象而建立的定量分析方法。当光源发射的特征波长光通过待测元素的基态原子蒸气时,即入射辐射的频率等于原子中的电子由基态跃迁到较高能态(一般情况下都是第一激发态)所需要的能量频率时,原子中的外层电子将选择性地吸收其同种元素所发射的特征谱线,使入射光减弱。特征谱线因吸收而减弱的程度称为吸光度 A,在线性范围内与被测元素的含量成正比。即: $A = Kc$。

5.2.2　仪器结构

原子吸收光谱仪外观图见图5-1,基本构造图见图5-2。仪器的主要结构包括光源、原子化系统、分光系统和检测系统四部分。

1)光源

光源的作用是发射待测元素的特征共振辐射以供原子蒸气吸收。对光源的基本要求是:发射的共振辐射的半宽度要明显小于吸收线的半宽度;辐射强度大、背景低,稳定性好。

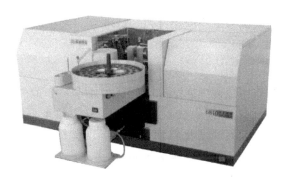

图 5 - 1　原子吸收光谱仪外观图

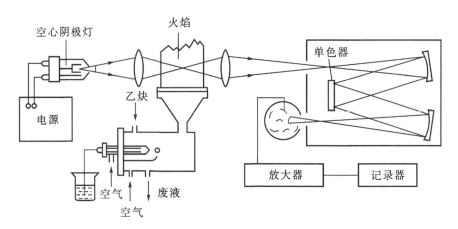

图 5 - 2　原子吸收光谱仪基本构造图

原子吸收分光光度计中最常用的光源是空心阴极灯。空心阴极灯的结构如图 5 - 3 所示,它的阴极是由待测元素制成的空心阴极,阳极由钛、锆或其他材料制成。灯管内填充低压惰性气体。

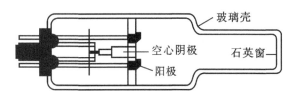

图 5 - 3　空心阴极灯的结构示意图

空心阴极灯采用脉冲供电维持发光,发射的谱线稳定性好、强度高。点亮后需预热 20 ~ 30 分钟后发光强度才能稳定。缺点是每测定一种元素就要更换一个相应的空心阴极灯。

空心阴极灯需要调节的实验条件包括灯电流的大小和灯的位置（使灯发出的光与光度计的光轴对准）。

2）原子化系统

原子化系统的作用是使试样溶液中的待测元素转变成气态的基态原子蒸气。在原子吸收光谱分析中，试样中被测元素的原子化是整个分析过程的关键环节。

原子化器主要有火焰原子化器和无火焰原子化器（包括石墨炉原子化器、氢化物发生原子化器及冷蒸气发生原子化器）两类。火焰原子化器具有简单、快速、对多数元素具有较高的灵敏度和检测限等优点，因此至今仍然具有十分广泛的应用。无火焰原子化技术具有相对于火焰原子化技术更高的原子化效率和灵敏度（测定同一种元素时，无火焰原子化技术相比火焰原子化技术的灵敏度可提高10 ~ 200 倍）。但其分析结果的精密度比火焰原子化法差。多数原子吸收分光光度计固定装有一种原子化器。

使用火焰原子化器时，需优化的实验条件包括：燃气和助燃气的流量和配比、燃烧器的高度、水平位置。使用石墨炉原子化器时，需要优化的条件有石墨炉的升温程序、屏蔽气流量等。

3）分光系统

分光系统的作用是将空心阴极灯发射出的共振线与邻近谱线分开，仅允许共振线的透过光投射到光电倍增管上。原子吸收分光光度计的分光系统由出射、入射狭缝、反射镜和色散元件组成，关键部件是色散元件，商品仪器都使用光栅。

光学系统需要调整的实验参数有测定波长、狭缝宽度等。一般来说，测定碱金属和碱土金属元素可选用较大的狭缝宽度，而测定过渡元素和稀土元素应选用较小的狭缝宽度。

4）检测系统

检测系统的功能是将原子吸收信号转换为吸光度值并在显示器上显示。检测系统主要由检测器、放大器、对数转换器、显示装置组成。原子吸收光谱仪中常用光电倍增管作为检测器。

实验中需要调节的实验参数有光电倍增管的负高压、显示方式（吸光度、吸光度积分、浓度直读）等。

5.2.3 分析流程

利用原子吸收光谱仪对样品进行测定时，采用火焰或石墨炉原子化器使样品溶液中的待测元素转化为气态的基态原子蒸气，原子蒸气吸收空心阴极灯所发出的该元素的共振线，利用分光系统去除共振线中的非吸收线后，在检测系统中将接收到的光信号转化为电信号,由显示器显示吸光光度值,根据吸光光度值与待测元素的浓度正比关系即可对待测元素进行定量分析。

5.2.4　操作步骤

原子吸收光谱仪型号较多,功能和自动化程度有所不同。使用方法上也会有一定的区别。每台原子吸收光谱仪都配有相应的仪器使用手册。使用时应参考该仪器的使用手册。下面就以火焰原子吸收分光光度计的一般操作程序为例介绍一下操作步骤。

(1)在仪器上安装一只待测元素对应的空心阴极灯。

(2)打开仪器总电源开关,打开灯电流开关,调整波长,设置空心阴极灯电流、单色光波长、光谱通带等工作参数至要求值。

(3)将显示器工作状态置于“能量(或透光率)”,调节光电倍增管负高压至能量表指示半满度,调节空心阴极灯的位置,至能量值达到最大。

(4)仪器和空心阴极灯预热 20～30 分钟,使仪器各部件及灯的能量处于稳定态。检查雾化器排液管是否已插入水封,打开燃烧废气的通风设备。

(5)打开空压机,调节空气针型阀至要求的空气流量值。

(6)打开乙炔钢瓶阀门,调节乙炔针形阀流量至比推荐值略小,点火。点着后,立即将吸液毛细管插入去离子水(或空白液)喷雾,以免燃烧头过热。调节乙炔流量至推荐值。

(7)将显示器工作状态置于“吸光度”,用去离子水(或空白液)喷雾,按“清零”钮,使吸光度值为零。

(8)使雾化器吸入一浓度恰当的标准溶液,调节燃烧器的高度、前后和转角等,使标准溶液的吸光度达到最大(注意:每次燃烧器位置变动后都要重新用去离子水或空白液清零)。

(9)待仪器状态稳定后,从低浓度到高浓度依次吸喷标准系列溶液,记录对应的吸光度读数。然后吸喷样品溶液,记录对应的吸光度值(注意:每次吸液毛细管从一个溶液转移到另一溶液前,都应先插入去离子水或空白液使吸光度指示回到零)。

(10)测定完毕,将工作状态置于“能量”,将光电倍增管负高压和空心阴极灯电流调到零,继续用去离子水吸喷几分钟清洗雾化系统。然后先关闭乙炔针型阀,再关闭空气针型阀,最后关闭乙炔瓶总阀和空压机,切断总电源,关闭通风。

5.3　原子吸收光谱法实验

实验一　火焰原子吸收光谱法测定水中 Cu^{2+}

铜(Cu)是人体必需的微量元素,成人每日的需要量估计为 20 mg。水中铜达 0.01 mg/L 时,对水体自净有明显的抑制作用。铜对水生生物毒性很大,有人认为铜对鱼类的起始毒性浓度为 0.002 mg/L,但一般认为水体铜浓度低于 0.01 mg/L 对鱼类是安全的。铜对水生生物的毒性与其在水体中的形态有关,游离铜离子的毒性比络合态铜要大得多。灌溉水中硫酸铜对水稻的临界危害浓度为 0.6 mg/L。铜的主要污染源有电镀、冶炼、五金、石油化工和化学工业等企业排放的废水。

环境样品中铜离子的测定方法有多种,包括 EDTA 滴定法、可见分光光度法、原子吸收光谱法等。一般要根据样品中的铜离子含量和样品基质情况选择合适的测定方法。

一、实验目的

(1)掌握原子吸收分光光度法测定 Cu^{2+} 的原理。
(2)掌握火焰原子吸收光谱仪的操作技术。
(3)熟悉原子吸收光谱法的应用。

二、实验原理

将水样或消解处理好的试样直接吸入火焰,火焰中形成的铜原子蒸气对光源发射的铜的特征电磁辐射(324.7 nm)产生吸收。吸光度 A 与试样中 Cu 的浓度 c 的关系可表示为:

$$A = Kc$$

式中,K 在一定实验条件下为一常数。

利用标准曲线法,根据标准溶液的浓度即可求得待测样品的浓度。

标准曲线法原理:配制一系列浓度不同的标准溶液,由低浓度到高浓度依次喷入火焰,分别测定其吸光度 A。以 A 为纵坐标,被测元素的浓度 c 为横坐标,画出吸光度 A 对浓度 c 的标准曲线。在相同条件下,测定未知样品的吸光度,在标准曲线上找出相应的浓度值,即为未知样品中被测元素的浓度。

三、实验仪器和设备

(1)火焰原子吸收分光光度计。
(2)铜空心阴极灯。

（3）100 mL 容量瓶 6 只。

（4）移液管。

四、试剂

（1）1000 mg/L 铜标准储备液：准确称取 1.000 g 光谱纯金属铜，用 50 mL（1＋1）硝酸溶解，必要时加热直至溶解完全，移入 1000 mL 容量瓶中，用去离子水稀释至刻度。

（2）50 mg/L 铜标准使用液：用 0.2% 硝酸稀释铜标准储备溶液配制而成。

（3）优级纯硝酸。

（4）二次去离子水或重蒸水。

五、实验步骤

（1）标准曲线的绘制：吸取铜标准溶液 0 mL、0.50 mL、1.00 mL、3.00 mL、5.00 mL、10.00 mL 分别放入 6 个 100 mL 容量瓶中，用 0.2% 硝酸稀释定容。此混合标准系列各金属离子的浓度见表 5-1。

根据仪器优化调整测定波长、光谱带宽、空心阴极灯电流、火焰类型、燃烧高度等测定参数。测定条件如下：波长 324.8 nm（铜特征谱线），氧化型空气-乙炔火焰，以 0.2% 硝酸为空白，调零，测定上述各溶液的吸光度。

用测得的吸光度与相对应的浓度绘制标准曲线。

（2）水样的预处理：取 100.0 mL 水样置于 200 mL 烧杯中，加入 5 mL 浓硝酸，在通风厨内用电热板加热消解，确保样品不沸腾，蒸至 10 mL 左右，加入 5 mL 浓硝酸和 2 mL 高氯酸，继续消解至 1 mL 左右。如果消解不完全，再加入硝酸 5 mL 和高氯酸 2 mL，再次消解至 1 mL 左右。取下冷却，加热消解残渣，用水定容至 100 mL。

（3）空白实验：取 0.2% 硝酸 100.0 mL，置于 200 mL 烧杯中，按上述（2）相同步骤操作，以此为空白样。

（4）按（1）所得的测定条件，吸入 0.2% 硝酸溶液，将仪器调零，再吸入空白样品和试样，测定其吸光度。

（5）根据扣除空白吸光度后的样品吸光度，在标准曲线上查出待测样品中的铜浓度。

六、原始数据记录

数据记入表 5-1、表 5-2。

表 5－1　　标准曲线的绘制　　　　　　　　　　　年　　月　　日

Cu 标准溶液体积/mL	0.00	0.50	1.00	3.00	5.00	10.0
Cu 浓度(mg/L)	0	0.25	0.50	1.50	2.50	5.00
Cu 质量(μg)	0	25	50	150	250	500
吸光度(A)						

表 5－2　　水样的测定　　　　　　　　　　　年　　月　　日

次数	Ⅰ	Ⅱ	Ⅲ
吸光度(A)			

七、结果计算

$$c_{(Cu^{2+}, mg/L)} = \frac{m}{V}$$

式中：m——标准曲线上得到的 Cu 相应量，μg；

　　V——溶液体积，mL。

八、干扰及消除

地下水和地表水中的共存离子和化合物，在常见浓度下不干扰测定。

九、注意事项

(1)消解过程中使用的高氯酸有爆炸危险，因此使用时需注意控制温度，且整个消解过程一定要在通风橱中进行。

(2)点火时，必须先开空气，后开乙炔。灭火时，先灭乙炔，后关空气，防止回火、爆炸事故的发生。乙炔为易燃气体，实验室内严禁烟火。

(3)可通过测定加标回收率判定基体干扰的程度。若样品基体干扰严重，可加入干扰抑制剂，或用标准加入法测定并计算结果。

十、思考题

(1)简要说明原子吸收分光光度计的操作流程。

(2)什么是标准曲线法？什么是标准加入法？两种方法在使用上有何区别？

实验二　　石墨炉原子吸收光谱法测定生活饮用水中痕量镉

镉(Cd)不是人体的必需元素，镉的毒性很大，可在人体内积蓄，主要积蓄在肾脏，引起泌尿系统的功能变化。水中镉达 0.1 mg/L 时，对地表水的自净有轻度抑制作用。镉对白鲢鱼的安全浓度为 0.014 mg/L。农灌水中含镉 0.007 mg/L 时,即可造成污染。用含镉 0.04 mg/L 的水进行农灌时,土壤和稻米受到明显污染。日本的痛痛病即镉污染所致,我国也有受镉污染稻米的报道。镉是我国实施排放总量控制的指标之一。

多数淡水含镉量低于 1 μg/L,海水中镉的平均浓度为 0.15 μg/L。镉的主要污染源有电镀、采矿、冶炼、染料、电池和化学工业等企业排放的废水。

一、实验目的

(1)了解石墨炉原子吸收分光光度计的基本构造。
(2)学习石墨炉原子吸收分光光度计的操作技术。
(3)了解石墨炉原子化的原理和升温程序。

二、实验原理

样品溶液经一定处理后,注入石墨炉原子化器中,在石墨炉内升温至一定温度进行干燥去除溶剂、灰化过程去除易蒸发的大部分基体后,在瞬间升高的原子化温度作用下,待测镉元素迅速蒸发、解离为镉的原子蒸气,气态的镉基态原子吸收来自镉空心阴极灯发出的 228.8 nm 的共振线,所产生的吸光度 A 在一定范围内与试样中的镉离子浓度成正比:

$$A = Kc$$

利用 A 与 c 的线性关系,用已知浓度的镉离子标准溶液做工作曲线,测得样品溶液的吸光度后,从工作曲线上即可求得样品溶液中的镉离子浓度。

三、实验仪器和设备

(1)石墨炉原子吸收分光光度计。
(2)镉空心阴极灯。
(3)25 mL 容量瓶 6 只。
(4)移液管。

四、试剂

(1)1000.0 mg/L 镉标准储备液:准确称取 0.5000 g 光谱纯金属镉,用 5 mL (1+1)硝酸溶解,移入 500 mL 容量瓶中,用去离子水稀释至刻度。

(2)50.0 ng/mL 镉标准使用液:用 0.2% 硝酸对镉标准储备液进行逐级稀释,得到 50 ng/mL 的镉标准工作溶液。

(3)优级纯硝酸。

(4)二次去离子水或重蒸水。

五、实验步骤

（1）仪器的主要操作条件。测定波长：228.8 nm；光谱通带：0.5 nm；灯电流：3 mA，使用背景校正，进样量20 μL。石墨炉升温程序及氩气流量见表5-3。

表5-3　石墨炉升温程序

程序	温度(℃)	时间(s)	氩气流量(L/min)	升温方式
1(干燥)	100	20	0.2	斜坡
2(干燥)	100	15	0.2	保持
3(灰化)	300	20	0.2	斜坡
4(灰化)	300	5	0.2	保持
5(原子化)	1500	3	0	快速
6(清洗)	2300	3	0.2	快速

（2）标准曲线的绘制：吸取50.0 ng/mL镉标准溶液0 mL、0.25 mL、0.50 mL、0.75 mL、1.00 mL分别放入5只25 mL容量瓶中，分别加入(1+1)硝酸5 mL，用去离子水稀释至刻度定容，摇匀，分别配制成镉质量浓度为0 ng/mL、0.5 ng/mL、1.0 ng/mL、1.5 ng/mL和2.0 ng/mL的标准系列溶液。

用微量加样器从低到高浓度依次吸取20 μL标准系列溶液，注入石墨管，按表5-3所设定的升温程序测定标准系列的吸光度。以浓度为横坐标、吸光度为纵坐标做工作曲线。

（3）水样的测定：取500.0 mL待测水样（饮用水、自来水、瓶装水等），加入(1+1)硝酸10 mL酸化后保存。

用微量加样器吸取20 μL酸化后的水样，注入石墨管，按表5-3所设定的升温程序测定水样的吸光度。根据测定的样品吸光度，在标准曲线上查出待测样品中的镉浓度。

六、原始数据记录

数据记入表5-4、表5-5。

表5-4　标准曲线的绘制　　　　　　　年　月　日

Cd标准溶液体积/mL	0.00	0.25	0.50	0.75	1.00
Cd浓度(ng/mL)	0	0.5	1.0	1.5	2.0
Cd质量(ng)	0	12.5	25	37.5	50
吸光度(A)					

表 5 - 5　水样的测定			年　月　日
次数	I	II	III
吸光度(A)			

七、结果计算

从标准曲线上得到的 Cd 相应浓度(ng/mL)。

八、干扰及消除

石墨炉原子吸收分光光度法灵敏度高,但基体干扰比较复杂,适合分析清洁水样。

九、注意事项

(1)可通过测定加标回收率判定基体干扰的程度。若样品基体干扰严重,可加入干扰抑制剂,或用标准加入法测定并计算结果。

(2)为减少玷污,实验中所采用的容器最好能在 20% 硝酸中浸泡过夜,用去离子水淋洗后使用。

十、思考题

(1)火焰原子吸收分光光度法和石墨炉原子吸收分光光度法在测定样品的原理上有何区别? 两种方法的测定对象有何不同?

(2)为什么石墨炉原子化吸收法的灵敏度比火焰原子吸收法的灵敏度高?

(3)石墨炉升温程序中各步骤的功能是什么? 如何选择最佳灰化温度和最佳原子化温度?

(4)进行痕量金属元素分析时要注意什么?

实验三　石墨炉原子吸收光谱法测定土壤中的铅

铅(Pb)是一种具有积蓄性的有毒金属,铅的主要毒性效应是导致贫血症、神经机能失调和肾损伤。铅对水生生物的安全浓度为 0.16 mg/L。用含铅 0.1 ~ 4.4 mg/L 的水灌溉水稻和小麦时,作物中含铅量增加明显。

目前铅对环境的污染主要是由废弃的含铅蓄电池和汽油防爆剂对土壤、水、大气的污染所导致,此外,冶炼、五金、机械、涂料、电镀等工业中排放的废水中也含有铅。铅是我国实施排放总量控制的指标之一。

一、实验目的

(1)掌握土壤样品的预处理技术。

(2)学习石墨炉原子吸收分光光度计测定铅的原理和操作技术。

二、实验原理

采用盐酸—硝酸—氢氟酸—高氯酸全消解方法,破坏土壤的矿物晶格,使土壤中的待测元素全部进入试液。将试液注入石墨炉中,经过预先设定的干燥、灰化去除共存溶剂和基体,然后在原子化阶段的高温下将铅化合物解离为基态铅原子蒸气,其对铅空心阴极灯发射的特征谱线产生选择性吸收,所产生的吸光度与试样中的铅离子浓度成正比。

三、实验仪器和设备

(1)石墨炉原子吸收分光光度计(带有背景扣除装置)。
(2)铅空心阴极灯。
(3)25 mL 容量瓶 6 只。
(4)移液管。

四、试剂

(1)浓盐酸、浓硝酸、氢氟酸、高氯酸,均为优级纯。
(2)(1 + 5)硝酸。
(3)5%(质量分数)的磷酸氢二铵水溶液。
(4)500 mg/L 铅标准储备液:准确称取 0.5000 g 光谱纯金属铅于烧杯中,用 20 mL(1 + 5)硝酸微热溶解,冷却后移入 1000 mL 容量瓶中,用去离子水稀释至刻度并摇匀。
(5)250.0 μg/L 铅标准使用液:用(1 + 5)硝酸对铅标准储备液进行逐级稀释得到,用时现配。

五、实验步骤

(1)准确称取土壤样品 0.1000 ~ 0.3000 g(精确至 0.0002 g)于 50 mL 聚四氟乙烯坩埚中,用水润湿后加入 5 mL 浓盐酸,在通风厨内用电热板低温加热使样品初步分解,当蒸发至约 2 ~ 3 mL 时,取下稍冷,再加入 5 mL 浓硝酸、2 mL 氢氟酸、2 mL 高氯酸,加盖后于电热板上中温加热 1 小时左右,开盖,继续加热除去硅(为达到良好的除硅效果,应经常摇动坩埚)。当加热至冒浓厚高氯酸白烟时,加盖,使黑色有机碳化物充分分解。待坩埚上的黑色有机物消失后,开盖驱赶白烟并蒸至内容物呈黏稠状。视消解情况,可再加入 2 mL 硝酸、2 mL 氢氟酸、1 mL 高氯酸,重复上述消解过程。当白烟再次基本冒尽且内容物呈黏稠状时,取下稍冷,用水冲洗坩埚盖和内壁,并加入 1 mL 硝酸溶液温热溶解残渣。再将溶液转移至

25 mL容量瓶中,加入 3 mL 磷酸氢二铵溶液冷却后定容,摇匀待测。

（2）以表 5 - 6 为参考,调节仪器操作条件。

表 5 - 6　石墨炉原子吸收光谱法测定铅的仪器操作条件

测定波长/nm	283.3	原子化(℃)	1200,保持 3 秒
通带宽度/nm	0.5	清洗(℃/min)	2500,保持 3 秒
灯电流/mA	3.0	氩气流量/(mL/min)	200
干燥(℃/min)	10 - 22,保持 10 秒	原子化阶段是否停气	是
灰化(℃/min)	150,保持 20 秒	进样量/μL	10

（3）空白实验。用水代替试样,进行步骤（1）、（2）。

（4）标准曲线的绘制:用移液管准确移取 0 mL、0.50 mL、1.00 mL、2.00 mL、3.00 mL、5.00 mL 铅标准使用液分别放入 6 只 25 mL 容量瓶中,加入 3.0 mL 磷酸氢二铵溶液,用（1＋5）硝酸溶液定容,摇匀,分别配制成铅质量浓度为 0 μg/L、5.0 μg/L、10.0 μg/L、20.0 μg/L、30.0 μg/L 和 50.0 μg/L 的标准系列溶液。

用微量加样器从低到高浓度依次吸取 10 μL 标准系列溶液,注入石墨管,按表 5 - 6 所设定的仪器操作条件标准系列的吸光度。以浓度为横坐标、减去空白的吸光度为纵坐标做工作曲线。

根据测定的样品吸光度,在标准曲线上查出待测样品中的铅浓度。

六、原始数据记录

数据记入表 5 - 7、表 5 - 8。

表 5 - 7　Pb 标准曲线的绘制　　　　　　　年　月　日

Pb 标准溶液体积/mL	0.00	0.50	1.00	2.00	3.00	5.00
Pb 浓度(μg/L)	0	5.0	10.0	20.0	30.0	50.0
吸光度(A)						

表 5 - 8　水样的测定　　　　　　　年　月　日

次数	Ⅰ	Ⅱ	Ⅲ
吸光度(A)			

七、结果计算

土壤样品中铅的含量 W(mg/kg) 按下式计算。

$$W = \frac{cV}{m} \times 10^{-3}$$

式中:c——试液的吸光度减去空白实验的吸光度,然后在标准曲线上查得的铅含
　　　　量,μg/L;

　　　V——试样溶液的体积,mL;

　　　m——称取的土壤质量,g。

八、注意事项

(1)由于不同土壤有机质含量差异很大,消解时各种酸的用量可根据消解情况酌情增减。

(2)消解过程中使用的氢氟酸、高氯酸有爆炸危险,整个消解过程一定要在通风橱中进行。

(3)消解过程中电热板的温度不宜过高,否则会使聚四氟乙烯坩埚变形。

(4)土壤消解液应呈白色或淡黄色,没有沉淀物存在。

九、思考题

(1)如何对土壤样品进行消解?

(2)消解水样和消解土壤样品有何不同?

(3)实验中测定空白溶液的吸光度有何意义?

实验四　氰化物发生原子吸收光谱法测定水中的砷

元素砷的毒性较低,而砷的化合物有剧毒,三价砷比五价砷化合物毒性更强。砷通过呼吸道、消化道和皮肤进入身体,从而引起慢性砷中毒,潜伏期可长达几年甚至几十年。砷还有致癌作用,能引起皮肤癌。砷的污染主要来源于采矿、冶金、化工、化学制药、农药生产等部门的工业废水。

一、实验目的

了解氰化物发生原子吸收光谱法的基本原理和操作技术。

二、实验原理

硼氢化钾或硼氢化钠在酸性溶液中,产生新生态氢,将水样中无机砷还原成砷化氢气体,将其用 N_2 气载入石英管中,以电加热方式使石英管升温至 900～1000 ℃。砷化氢气体在此温度下被分解形成砷原子蒸气,对来自砷光源的特征电磁辐射(波长为 193.7 nm)产生吸收。将测得的水样中砷的吸光度值和标准吸光度值进行比较,确定水样中砷的含量。

三、实验仪器和设备

(1)原子吸收分光光度计(带有背景扣除装置)。

(2)砷空心阴极灯。

(3)氢化物发生装置(见图5-4)。

(4)50 mL 容量瓶6只。

(5)移液管。

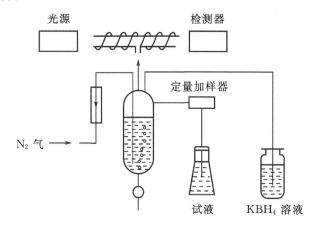

图5-4　氢化物发生装置

四、试剂

(1)盐酸、浓硝酸、高氯酸,均为优级纯。

(2)去离子水。

(3)20%氢氧化钠、2%盐酸。

(4)1000.0 mg/L 砷标准储备液:准确称取 0.1320 g 预先在硅胶上干燥至恒重的三氧化二砷,溶于 2 mL 20%氢氧化钠溶液中,用2%盐酸溶液中和后,再加入2 mL,转移入100 mL 容量瓶中,摇匀。

(5)1.0 mg/L 砷标准使用液:吸取 1000.0 mg/L 砷标准储备液,逐级稀释成 1.0 mg/L 的砷标准使用液。

(6)1%硼氢化钾溶液:称取 1 g 硼氢化钾于100 mL 烧杯中,加入1~2粒固体氢氧化钠,加入 100 mL 水溶解,过滤。

(7)3%碘化钾-1%抗坏血酸和硫脲混合液:称取 3 g 碘化钾、1 g 抗坏血酸和 1 g 硫脲,溶于 100 mL 水中,摇匀。

五、实验步骤

（1）水样的预处理：取清洁水样 25.0 mL 置于 50 mL 容量瓶中，加入（1＋1）盐酸 8 mL，3% 碘化钾－1% 抗坏血酸和硫脲混合液 1 mL，定容后摇匀，放置 30 分钟测定。

（2）空白实验。用水代替试样，进行步骤（1）。

（3）标准曲线的绘制：用移液管准确移取 0 mL、0.50 mL、1.00 mL、2.00 mL、5.00 mL、10.00 mL 砷标准使用液（浓度为 1.0 mg/L）分别放入 6 只 50 mL 容量瓶中，各加入（1＋1）盐酸 8 mL，3% 碘化钾－1% 抗坏血酸和硫脲混合液 1 mL，用水稀释至刻度，摇匀。此标准曲线砷浓度分别为 0 μg/L、10.0 μg/L、20.0 μg/L、40.0 μg/L、100.0 μg/L 和 200.0 μg/L 的标准系列溶液。放置 30 分钟测定。

（4）测定：按表 5－9 工作条件调好仪器，预热 30 分钟，将空白溶液、标准曲线系列和预处理过的水样分别定量加入 2 mL 氢化物发生器中，用定量加液器迅速加入 1% 硼氢化钾溶液 1.5 mL，测定砷的吸收峰值，然后排出废液。完成一个样品的测定后，应用水冲洗氢化物发生器两次，再进行下一个样品的测定。

表 5－9　氢化物发生原子吸收光谱法测定砷的仪器操作条件

测定波长/nm	通带宽度/nm	灯电流/mA	石英管温度/℃	氮气流量（mL/min）
193.7	0.9	10	950	500

六、原始数据记录

数据记入表 5－10、表 5－11。

表 5－10　As 标准曲线的绘制　　　　　　年　月　日

As 标准溶液体积/mL	0.00	0.50	1.00	2.00	5.00	10.00
As 浓度（μg/L）	0	10.0	20.0	40.0	100.0	200.0
吸光度（A）						

表 5－11　水样的测定　　　　　　年　月　日

次数	Ⅰ	Ⅱ	Ⅲ
吸光度（A）			

七、结果计算

$$砷(\mathrm{As,mg/L}) = \left(\frac{m}{V}\right) \times 10^{-3}$$

式中:m——标准曲线上得到的 As 相应量(ng);

　　V——水样体积, mL。

八、注意事项

(1)三氧化二砷为剧毒药品,用时要注意安全。

(2)砷化氢为剧毒气体,故管道不能漏气,并要在排风良好的条件下操作。

(3)氮载气流量不应过大,过大会降低检测灵敏度,同时还会导致水样冲进高温石英管,使其骤冷而炸裂。

(4)水样酸度不能太低或太高。酸度太低则形成砷化氢不完全,太高会产生过度氢气,引起严重的分子吸收,干扰砷的测定。

九、思考题

氢化物发生原子吸收光谱法可以测定哪些元素? 为什么?

第6章 电位分析法

6.1 电位分析法简介

电位分析法是以待测溶液作为电解质溶液,与指示电极、参比电极和外电路构成电化学电池,通过测定该电化学电池的电动势以求得溶液中待测离子活度的方法。

电位分析法分为直接电位法和电位滴定法。直接电位法是将适当的指示电极插入被测溶液,测量其相对于一个参比电极的电位,然后根据测出的电位,求出被测离子活度的方法。

电位滴定法是向待测溶液中滴加能与被测物质发生化学反应的已知浓度的试剂进行滴定,同时记录滴定过程中溶液电位的变化。根据记录的电位值—滴定剂体积(E-V)之间的关系以确定滴定终点,再根据滴定终点所消耗的滴定剂体积及浓度计算出被测物含量的方法。

溶液 pH 值的测定一般都使用直接电位法进行测定。直接电位法测定 pH 值所使用的仪器称为酸度计(也称 pH 计)。下面主要介绍酸度计的工作原理、仪器结构和使用方法,以及利用酸度计测定溶液 pH 值的相关实验。同时对电位滴定法实验也进行相关介绍。

6.2 酸度计

6.2.1 酸度计的工作原理

酸度计由 pH 玻璃电极(指示电极)、甘汞电极(参比电极)(目前商品化的酸度计一般是将玻璃电极和甘汞电极制成一个复合电极的形式)和被测的样品溶液组成一个化学电池,由酸度计在零电流的条件下测量该化学电池的电动势。根据 pH 实用定义:

$$pH_x = pH_s + \frac{(E_s - E_x)}{RT/F}$$

式中,pH_x 和 E_x 分别为待测定样品的 pH 值和测得的电动势,pH_s 和 E_s 分别为标准缓冲溶液的 pH 值和测得的电动势。用标准 pH 缓冲溶液校正酸度计后,酸度计直接给出被测溶液的 pH 值。

质量好的酸度计测量电位的精度达 ±0.1 mV,测量 pH 值的精度可达 ±0.002 pH。

6.2.2　酸度计的构造

酸度计示意图如图6-1所示。多数酸度计使用的复合电极由pH玻璃电极与甘汞电极组成。

玻璃电极作为测量电极,甘汞电极作为参比电极。复合电极电动势的变化正比于被测溶液pH值的变化。仪器经标准缓冲溶液校准后,即可测量溶液的pH值。

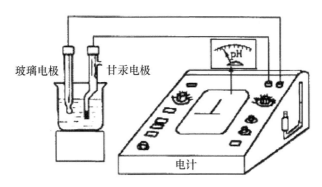

图6-1　酸度计基本构造

6.2.3　酸度计的使用方法

利用酸度计既可以测定溶液的pH值,又可以测定溶液的电位。尽管不同仪器型号的具体操作过程会有所不同,但基本操作原理是一样的。下面给出的是用酸度计测定溶液pH值和电位的基本操作过程。

1)pH值的测定操作

(1)将复合电极固定在电极架上,并按要求接入仪器的相应接口中,将选择开关拨至pH挡,并将仪器的温度旋钮旋至待测溶液的温度。

(2)接通电源,仪器预热20分钟左右。

(3)将电极浸入一标准缓冲溶液(如pH = 6.8的0.025 mol/L KH$_2$PO$_4$ + 0.025mol/L Na$_2$HPO$_4$)中,按下"测量"按钮,调节"定位"旋钮,使显示器显示该标准缓冲溶液在测量温度下的标准pH值。

(4)再按一次"测量"按钮使其断开,将电极取出,用蒸馏水冲洗,用吸水纸吸干后插入另一标准缓冲溶液中(如pH =4.0的0.0533 mol/L邻苯二甲酸氢钾缓冲溶液),重新按下"测量"按钮,用"斜率"旋钮调节至该标准缓冲溶液在测量温度下的标准pH值。

(5)反复进行(3)、(4)两步,直至仪器不用调节就可以准确显示两个标准缓冲溶液的pH值。以后所有的测量中均不再用调节"定位"和"斜率"旋钮。

（6）关闭"测量"按钮，将电极取出，用去离子水冲洗，用吸水纸吸干后插入待测溶液中，按下"测量"按钮，此时的读数便是该待测溶液的 pH 值。

（7）测量结束后，关闭"测量"按钮，关闭电源开关。取出电极，用去离子水洗净，按电极保养要求放置于合适的地方。

2）电位的测量过程

（1）将仪器选择开关拨至"mV"挡，按要求接上相关电极，接通电源。

（2）将电极插入待测溶液中，按下"测量"按钮，所显示的数值便是该指示电极所响应的待测溶液的电位值。

（3）测量结束后，关闭"测量"按钮，关闭电源开关。取出电极，用去离子水洗净，按电极保养要求放置于合适的地方。

6.3　ZD‐2 型自动电位滴定仪

ZD‐2 型自动电位滴定仪如图 6‐2 所示。它由滴定装置和自动电位计两部分组成。

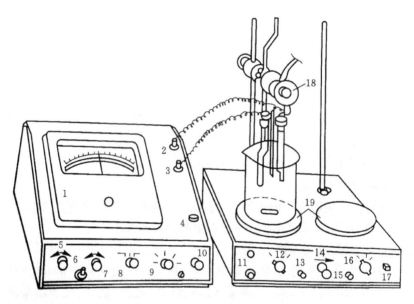

图 6‐2　ZD‐2 型自动电位滴定仪

1—指示电表;2—玻璃电极插孔(－);3—甘汞电极接线柱(＋);4—读数开关;5—与控制
调节器;6—滴定开关;7—预定终点调节器;8—选择器;9—温度补偿调节;10—校正器;
11—搅拌开关及指示灯;12—电磁阀选择开关;13—滴定指示灯;14—搅拌转速调节器;
15—终点指示灯;16—工作开关;17—滴定开始按键;18—电磁阀;19—磁力搅拌器

6.4　电位分析法实验

实验一　电位法测定水溶液的 pH 值

在生产实践和科学研究中经常会碰到测量 pH 值的问题。利用电位法测定 pH 值是较为精确的 pH 值测量方法。利用电位法测定 pH 值时,使用的仪器是酸度计(或称 pH 计)。

一、实验目的

(1)掌握直接电位法测量溶液 pH 值的原理。
(2)掌握酸度计测定 pH 值的操作方法。
(3)了解常用的标准缓冲溶液。

二、实验原理

测量时,首先用酸度计对 pH 已知的标准缓冲溶液进行测量定位,然后再在相同条件下测量被测溶液的 pH 值。

常用的几种标准缓冲溶液见表 6-1。注意测量时所选的标准缓冲溶液的 pH 值应与待测定溶液的 pH 值接近。

表 6-1　常用标准缓冲溶液的 pH 值

温度/℃	0.05 mol/L 草酸氢钾	酒石酸氢钾(25 ℃,饱和)	0.05 mol/L 邻苯二甲酸氢钾	0.025 mol/L 磷酸二氢钾 + 0.025 mol/L 磷酸氢二钠	0.01 mol/L 四硼酸钠	氢氧化钙(25 ℃,饱和)
10	1.670	—	3.998	6.923	9.332	13.003
15	1.670	—	4.000	6.900	9.270	
20	1.675	—	4.002	6.881	9.225	12.627
25	1.679	3.557	4.008	6.865	9.180	12.454
30	1.683	3.552	4.015	6.853	9.139	12.289
35	1.688	3.549	4.024	6.844	9.102	12.133
40	1.694	3.547	4.035	6.838	9.068	11.984

三、实验仪器和设备

(1)pHS-3B 型酸度计(配有复合电极)。

（2）电磁搅拌器。

（3）广泛 pH 试纸。

四、试剂

（1）标准缓冲溶液。

（2）pH 未知的待测溶液。

五、实验步骤

（1）溶液 pH 值的粗测：将酸度计置于"pH"挡，温度调节旋钮调至室温。用 pH 试纸粗测待测溶液的 pH 值。

（2）从表 6 - 1 中选择与待测溶液 pH 值接近的标准缓冲溶液，先用酸度计测定标准缓冲溶液的 pH 值进行定位（测量方法见 6.2.3），然后将定位好的酸度计复合电极插入待测溶液中进行测定。

六、思考题

（1）pH 的理论定义和实用定义各指的是什么？

（2）在 pH 计上显示的 pH 与 mV 之间有何定量关系？

实验二　土壤 pH 值的测定

一、实验目的

（1）掌握直接电位法测量不同土壤 pH 值的方法。

（2）了解土壤水浸 pH 值和盐浸 pH 值的测定方法。

二、实验原理

将酸度计的复合电极先插入标准缓冲溶液中进行定位，再插入土壤悬液或浸出液中测定土壤的 pH 值。

水土比例对土壤 pH 值测定结果的影响较大，尤其对于石灰性土壤稀释效应的影响更为显著。本方法中水土比为 2.5:1。对于酸性土壤，除测定水浸土壤 pH 值外，还应测定盐浸 pH 值，即以 1 mol/L KCl 溶液浸提土壤后用酸度计测定。

三、实验仪器和设备

（1）pHS - 3B 型酸度计（配有复合电极）。

（2）电磁搅拌器。

（3）广泛 pH 试纸。

四、试剂

(1)无 CO_2 水:将去离子水煮沸 10 分钟后加盖冷却,立即使用。

(2)1 mol/L KCl 溶液:称取 74.6 g KCl 溶于 800 mL 水中,用 0.1 mol/L KOH 和 0.1 mol/L HCl 调节溶液 pH 值为 5.5~6.0,稀释至 1 L。

(3)pH 值为 4.01 的邻苯二甲酸氢钾标准缓冲溶液(见表 6-1)。

(4)pH 值为 6.87 的 0.025 mol/L 磷酸二氢钾 + 0.025 mol/L 磷酸氢二钠标准缓冲溶液(见表 6-1)。

(5)pH 值为 9.18 的 0.01 mol/L 四硼酸钠标准缓冲溶液(见表 6-1)。

五、实验步骤

(1)酸度计的校准:将待测溶液与标准缓冲溶液调到同一温度,并将温度补偿器调到该温度值。用标准缓冲溶液校正仪器时,先将复合电极插入与所测溶液 pH 值相差不超过 2 个 pH 单位的标准缓冲溶液中,启动读数开关,调节定位器读数使之刚好为标准溶液的 pH 值,反复几次至读数稳定。取出电极洗净,用滤纸条吸干水分,再插入第二个标准缓冲溶液中,测定值与标准溶液实际 pH 值之间允许偏差小于 0.05 个 pH 单位。如超过则应检查仪器电极或标准缓冲溶液是否有问题。仪器校准无误后,即可用于样品的测定。

(2)土壤水浸液 pH 值的测定:称取通过 2 mm 筛过滤的风干土壤 10.0 g 于 50 mL 烧杯中,加入 25 mL 无 CO_2 水,以搅拌器搅拌 1 分钟,放置 30 分钟后测定。将酸度计的复合电极插入土壤水浸液中(注意:玻璃电极球泡下部应位于土液界面处),轻轻摇动烧杯以除去电极上的水膜,静置片刻,按下读数开关,待读数稳定(在 5 秒钟内 pH 值变化不超过 0.02)时记下 pH 值。

放开读数开关,取出电极,以水洗涤后用滤纸吸干水分后进行下一个样品的测定。每测定 5~6 个样品后需用标准缓冲溶液定位。

(3)土壤氯化钾浸提液 pH 值的测定。当土壤水浸液 pH < 7 时,应测定土壤盐浸提液的 pH 值。测定方法除用 1 mol/L KCl 代替无 CO_2 水外,其余步骤与水浸液 pH 值测定相同。

六、注意事项

(1)pH 读数时摇动烧杯会使读数偏低,应在摇动后稍加静止再读数。

(2)操作过程中避免酸碱蒸气侵入。

(3)至少使用两种 pH 标准缓冲溶液进行 pH 计的校正。

(4)测定批量样品时,将 pH 值相差大的样品分开测定,可避免因电极响应迟钝而造成的测定误差。

实验三　电位滴定法测定水中氯离子

测定氯离子的方法较多。在第 2 章里已介绍过用硝酸银滴定法测定水中氯化物。除了该方法外,常用的测定水中氯离子的方法还有离子色谱法、电位滴定法等其他方法。其中离子色谱法是目前国内外最为通用的方法,简便快速。电位滴定法适合于测定带色或污染的水样。

一、实验目的

(1)掌握电位滴定法测定氯离子的测定原理。
(2)学习电位滴定法的测定方法。

二、实验原理

以氯电极为指示电极,以玻璃电极或双液接参比电极为参比电极,以待测定溶液作为电解质溶液构成原电池,用硝酸银标准溶液滴定待测液,用毫伏计测定滴定过程中两电极之间的电位变化。在用硝酸银滴定过程中,电位变化最大时仪器的读数即为滴定终点。

三、实验仪器和设备

(1)指示电极:氯离子选择电极。
(2)参比电极:玻璃电极或双液接电极。
(3)电位计。
(4)电磁搅拌器。
(5)25 mL 棕色酸式滴定管。
(6)容量瓶、锥形瓶、移液管。
(7)万分之一电子天平。

四、试剂

(1)0.0141 mol/L NaCl 标准溶液:将 NaCl(基准试剂)置于 105℃烘箱中烘干 2 小时,在干燥器中冷却后称取 0.8240 g,溶于蒸馏水,在容量瓶中稀释至 1000 mL。摇匀,此溶液每毫升含 500 μg 氯离子。

(2)0.0141 mol/L $AgNO_3$溶液:将 2.3950 g $AgNO_3$(于 105 ℃烘干半小时)溶于水,加 2 mL 浓硝酸,在容量瓶中稀释至 1000 mL,摇匀。储存于棕色瓶中。用氯化钠标准溶液进行标定。

(3)浓硝酸。
(4)(1+1)硫酸。

(5)30%过氧化氢。

(6)1 mol/L NaOH 溶液。

五、测定步骤

1. 标定 AgNO₃ 标准溶液

(1)移取 10.00 mL NaCl 标准溶液于 250 mL 烧杯中,加入 2 mL 硝酸,稀释至 100 mL。

(2)放入搅拌子,将烧杯放在电磁搅拌器上,使电极浸入溶液中,开启搅拌器,在中速搅拌下(不溅失,无气泡),每次加入一定量硝酸银标准溶液,每加一次,记录一次平衡电位值。

(3)开始时,每次加入硝酸银标准溶液的量可以大一些再记录。接近终点时,则每次加入 0.1 mL 或 0.2 mL,并使间隔时间稍大一些,以便电极达到平衡得到准确终点。在逐次加入硝酸银标准溶液的过程中,仪器读数变化最大一点即为终点。

(4)根据绘制的微分滴定曲线的拐点,或者用二次微分法(二次微分为零)确定滴定终点,然后计算出硝酸银标准溶液的浓度。

2. 水样的测定

(1)若为较清洁水样,取适量(氯化物含量不超过 10 mg)置于烧杯中,加硝酸使 pH 值为 3~5,稀释至 100 mL。按标定硝酸方法(2)至(4)进行电位滴定。

(2)水样中含有机物、氰化物、亚硫酸盐或者其他干扰物,可于 100 mL 水样中加入(1+1)硫酸使水样呈酸性(pH 值为 3~4),然后加入 3 mL 过氧化氢煮沸 15 分钟,并经常添加蒸馏水标尺溶液体积在 50 mL 以上。加入氢氧化钠溶液使呈碱性,再煮沸 5 分钟,冷却后过滤,用水洗沉淀和滤纸,洗涤液和滤液定容后供测定用。

(3)取适量经预处理的水样(氯化物含量不超过 10 mg)置于烧杯中,加硝酸使 pH 值为 3~5,稀释至 100 mL。按标定硝酸方法(2)至(4)进行电位滴定。

3. 空白实验

取 100.00 mL 蒸馏水于 250 mL 锥形瓶中,与水样测定步骤相同进行空白实验。

六、原始数据记录

数据分别记入表 6-2、表 6-3 和表 6-4。

表6-2　AgNO$_3$标准溶液的标定					年　　月　　日	
V_1/mL						
E_1/mV						

注:V_1——标定 AgNO$_3$时,AgNO$_3$溶液的消耗量, mL;

　　E_1——加入 AgNO$_3$时,测得的相应电位值,mV。

　　由以上实验数据绘制 E-V 曲线,确定终点时消耗的 AgNO$_3$体积,计算 AgNO$_3$溶液的浓度。

表6-3　水样的测定					年　　月　　日	
V_2/mL						
E_2/mV						

注:V_2——滴定水样时,AgNO$_3$溶液的消耗量, mL;

　　E_2——加入 AgNO$_3$时,测得的相应电位值,mV。

　　由以上实验数据绘制 E-V 曲线,确定滴定水样至终点时消耗的 AgNO$_3$体积。

表6-4　空白滴定					年　　月　　日	
V_3/mL						
E_3/mV						

注:V_3——滴定空白时,AgNO$_3$溶液的消耗量, mL。

　　E_3——加入 AgNO$_3$进行滴定时,测得的相应电位值,mV;

　　由以上实验数据绘制 E-V 曲线,确定滴定空白消耗的 AgNO$_3$体积。

七、计算

（1）AgNO$_3$标准溶液的浓度:

$$c_{(\text{AgNO}_3)} = \frac{0.0141000 \times 10}{V_1}$$

式中:V_1——标定 AgNO$_3$时,AgNO$_3$溶液的消耗量, mL。

　　（2）水中 Cl$^-$含量:

$$\text{Cl}^-(\text{mg/L}) = \frac{c_{(\text{AgNO}_3)} \times (V_2 - V_3) \times 35.45 \times 1000}{V_{\text{水样}}}$$

式中:V_2——滴定水样至终点时,AgNO$_3$溶液的消耗量, mL;

　　V_3——滴定空白时,AgNO$_3$溶液的消耗量, mL;

　　$c_{(\text{AgNO}_3)}$——AgNO$_3$标准溶液浓度,mol/L;

　　$V_{\text{水样}}$——所取水样的体积,mL。

八、干扰及消除

（1）溴化物、碘化物与银离子形成溶解度很小的化合物,干扰测定。

(2)氰化物为电极干扰物质,高铁氰化物会使结果偏高。

(3)六价铬应预先使其还原成三价,或者预先去除。

九、注意事项

(1)由于是沉淀反应,故必须经常检查电极表面是否被沉淀沾污,并及时清洗干净。

(2)氯电极有光敏作用,硝酸银易被还原成黑色银粉,即受强热或阳光照射时逐渐分解所致,故应在避光处测定。

十、思考题

(1)如何用二次微商法计算计量点时消耗的滴定剂体积?

(2)为什么要进行空白实验?

第7章 色谱法

7.1 色谱法简介

色谱法是分离、分析多组分混合物的有效方法。当流动相载带着待测混合物流过固定相时,待测物中不同组分在流动相和固定相之间的作用力不同,使得性质不同的组分随流动相移动的速度产生了差异,经过在两相间的多次反复分配后,各组分按一定的次序从色谱柱流出,得到分离。分离后的组分由流动相携带进入检测器,组分的物质信号被转换成电信号,并由记录仪记录为信号值随时间变化的曲线,即色谱图(也称流出曲线)。根据色谱图即可对不同组分进行定性定量分析。

根据流动相的不同,色谱法分为气相色谱法(GC,流动相为气体)和液相色谱法(LC,流动相为液体)两类。与之相应的有气相色谱仪和液相色谱仪。两种色谱仪的基本分离和分析原理相似,但是在仪器结构和操作上有较大的差别。

7.2 气相色谱仪结构及操作步骤

7.2.1 仪器结构

图7-1为某种气相色谱仪外观图。包括色谱柱箱(色谱柱安装在其中)、控制部分、计算机主机、计算机显示器和键盘。

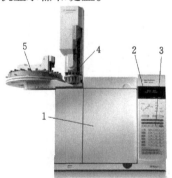

图7-1 气相色谱仪外观图

1—色谱柱箱(色谱柱安装在其中);2—控制部分;3—键盘和显示屏;

4—计算机主机;5—计算机显示器及键盘

图7-2为气相色谱仪工作流程图。气相色谱仪由载气系统、进样系统、分离系统(色谱柱)、检测系统(检测器)和记录仪五个主要部分构成。

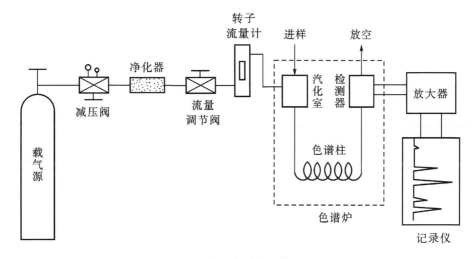

图7-2 气相色谱仪工作流程图

载气系统:其作用是提供流量稳定、纯净的载气以载带待测样流入色谱仪中。包括载气钢瓶、载气和控制计量装置。气相色谱仪中的气路是一个载气连续运行的密闭管路系统。整个载气系统要求载气纯净、密闭性好、流速稳定及流速测量准确。气相色谱法中常用的载气有氢气、氮气和氩气。

进样系统:其作用是把待测试样(气体或液体样品)匀速而定量地加入到汽化室中瞬间气化。常用的进样装置包括手动注射器(见图7-3)、自动进样装置(见图7-4)、进样阀等。

图7-3 手动注射器

图7-4 自动进样装置

分离系统(色谱柱):作用是将多组分混合样品分离为单个组分。色谱柱是色谱仪的核心部件,待测样品中不同组分是否能被有效分离,取决于色谱柱效能的好坏。色谱柱分为填充柱(图7-5)和毛细管柱(图7-6)两类。填充柱柱体一般为不锈钢柱管,内径通常在 2 ~ 4 mm,柱长通常在 1 ~ 10 m,形状有 U 型和螺旋型。毛细管柱多为玻璃或石英玻璃柱,内径为 0.2 ~ 0.5 mm,长度一般在 25 ~ 100 m。

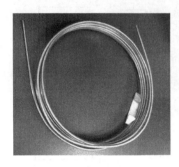  

　　　图7-5　填充柱　　　　　　　　　　图7-6　毛细管柱

在气相色谱分析中,色谱柱的选择是至关重要的。一般要根据被测组分的性质选择合适的色谱柱,有时还需考虑是否与检测器的性能匹配。分离复杂样品时,柱温选择程序升温。

检测系统:检测器的作用是把被色谱柱分离的样品组分根据其特性和含量转化成电信号,经放大后,由记录仪记录成色谱图。检测器是气相色谱法的关键部件。待测组分是否能被准确检测,取决于检测器性能的好坏。

气相色谱仪检测器包括热导池检测器(TCD)、氢火焰离子化检测器(FID)、电子捕获检测器(ECD)、火焰光度检测器(FPD)、质谱检测器(MS)等。热导池检测器可检测所有物质,但灵敏度相对较低。氢火焰离子检测器灵敏度高,是有机化合物检测常用的检测器。电子捕获检测器对含卤素、硫、氧、羰基、氨基等的化合物有很高的响应,广泛应用于有机氯和有机磷农药残留量的检测。火焰光度检测器(FPD)对含硫和含磷的化合物有比较高的灵敏度和选择性,主要检测含硫或含磷农药。质谱检测器能够给出每个色谱峰所对应的质谱图。通过计算机对标准谱库的自动检索,可提供化合物分析结构的信息,故是 GC 定性分析的有效工具。色谱-质谱联用(GC-MS)分析,是将色谱的高分离能力与质谱的结构鉴定能力结合在一起的一种联用技术。

信号记录或微机数据处理系统:近年来气相色谱仪主要采用电脑及相应的处理软件处理色谱数据,并在电脑屏幕上给出获得的色谱图(包括保留时间和峰面积等数据)。

7.2.2　气相色谱分析流程

载气由高压钢瓶中流出,经过减压阀减压到所需压力后,通过净化干燥管使载气净化,再经稳压阀和转子流量计后,以稳定的压力、恒定的速度流经汽化室,同时待测样品由进样器注入汽化室并在瞬间汽化后与载气混合,在载气的载带作用下试样气体进入色谱柱中进行分离。分离后的各组分按先后不同顺序流入检测器,检测器将物质的浓度或质量变化转变为电信号,经放大后在记录仪上记录下来,得到色谱图(流出曲线)。

流出曲线上的每个色谱峰都代表一个组分。根据流出曲线上色谱峰的保留时间(出峰时间),可以进行定性分析。根据峰面积或峰高的大小,可以进行定量分析。

7.2.3　操作步骤(以气相色谱仪 6890n 为例)

1)开机

(1)打开载气气瓶 N_2,打开氢气、空气发生器。注意检查气体发生器的排空阀是否拧紧。

(2)打开计算机,进入联机工作站。

(3)打开 6890n GC 主机电源开关。

2)数据采集方法编辑

(1)方法编辑:从"方法"菜单中选择"编辑完整方法"项,选择前两项,点击"确定"。

(2)方法信息:在"方法注释"中输入方法的信息(如测试方法),点击"确定"。

(3)进样器设置:在"选择进样源/位置"界面中选择"手动",并根据需要选择所用的进样口的物理位置(前或后或两个),点击"应用"。

(4)填充柱进样口参数设定:

点击"进样口"图标进入进样口设定画面。点击"应用"上方的下拉式箭头,选中进样口的位置选项(前或后)。

点击"载气"右方的下拉式箭头,选择 N_2。

点击"模式"右方的下拉式箭头,选择进样方式为"不分流"(或"分流"方式),在"设定值"下方的空白框内输入进样口温度,然后点中加热器,输入温度,输入分流比,自动计算得出总流量与分流流量。

在"分流口吹扫流量"右边的空白框内输入吹扫流量和时间(如 0.75 分钟和 60 mL/min),点击"应用"。

(5)色谱柱参数设定:点击"色谱柱"图标,在"色谱柱"下方选择柱 1 或柱 2,然后依次点击"改变""添加""增量""确定",从柱子库中选择试验所需的柱子,则该柱子的最大耐高温及液膜厚度显示在窗口下方,点击"确定",点击"安装为色谱柱 1"或"安装为色谱柱 2"。(填充柱不定义)选择合适的模式,恒压或恒流模式;

选择实际的进样口物理位置(前或后)和检测器的物理位置(前或后);选择合适的压力、流速和线速度(三者只输入一个即可),点击"应用"。

(6)柱温箱参数设定:点击"柱箱"图标,根据样品需要输入初始温度,点击"打开"左边的方框,柱箱配置的参数保持不变。如有需要可以设定程序升温,点击"应用"。

(7)FID检测器参数设定:

点击"检测器"图标,进入检测器参数设定。点击"应用"上方的下拉式箭头,选择检测器的位置(前或后)。

在"设定值"下方的空白框内输入各参数:如 H_2:35 mL/min;Air:350 mL/min;检测器温度:300 ℃;辅助气 N_2:25 mL/min;并选中"打开"下面除"恒定柱流量和尾吹气流量"选项的所有参数,点击"应用"。

TCD检测器参数设定:

点击"检测器"图标,进入检测器参数设定。点击"应用"上方的下拉式箭头,选中检测器的位置选项(前或后)。

在"设定值"右方的空白框内输入:检测器温度(如300 ℃);辅助气为40 mL/min[或辅助气及柱流量的和为恒定值(如40 mL/min)当程序升温时,柱流量变化,仪器会相应调整辅助气的流量,使到达检测器的总流量不变],并选择辅助气体的类型(如 N_2),选中"打开"下面相应参数。

选中"灯丝",编辑完,点击"应用"。

负极性由被测物质与载气的热传导性决定。

根据自己需要输入气流流量值。

注:前检测器为FID,后检测器为TCD检测器。

(8)信号参数设定:

点击"信号"图标,进入信号参数设定界面。

在信号1或信号2处选择"检测器",在"信号源"处选择自己所用的检测器(前或后)。

选择"保存数据",并选择"全部",表示储存所有数据。

点击"应用"和"确定"。

(9)保存建立好的新方法,输入方法名,点击"OK"。

(10)若使用手动进样,则进入"运行控制",在"样品信息"中输入操作者姓名,在数据文件中选择"手动"或"前缀";若是用自动进样器则点击"序列",设定"序列参数",再在"序列表"中填入各项信息,选择自己所需要的方法名称,输入完毕后点击"运行序列"开始走样。

3)数据分析方法编辑

(1)从"视图"菜单中,点击"数据分析"进入数据分析界面,或直接点击左面的"数据分析"。

（2）从"文件"菜单中选择"调用信号"选项，选中自己的文件名，点击"确定"，则数据被调出。

（3）谱图优化：从"图形"菜单中选择"信号选项"，从"范围"中选择"满量程"或"自动量程"及合适的显示时间或选择"自定义量程"，手动输入坐标范围进行调整，反复进行，直到图的显示比例合适为止，点击"确定"。

（4）积分参数优化：从"积分"菜单中选择"积分事件"，选择合适的"斜率灵敏度""峰宽""最小峰面积""最小峰高度"。从"积分"菜单中选择"积分"选项，则数据被重新积分。点击左边"√"图标，将积分结果存入方法。

4）关机

（1）调用关机方法：从"方法"菜单中选择"调用方法"，再选择"shutdown. M"。

（2）等柱温箱，进样口温度均降到 90 度以下，方可关机。

（3）关闭气体发生器并排气。

（4）关闭气瓶。

（5）关闭稳压电源。

7.3　液相色谱仪结构及操作步骤

7.3.1　仪器结构

图 7-7 为某种液相色谱仪外观图。其包括高压输液泵、进样阀、色谱柱、检测器、色谱软件模数转换器、计算机主机、计算机显示器和键盘。

图 7-7　液相色谱仪外观图

图 7-8 为高效液相色谱仪工作流程图。高效液相色谱仪由高压输液系统、进样系统、分离系统（色谱柱）、检测系统（检测器）和记录系统五个主要部分构成。

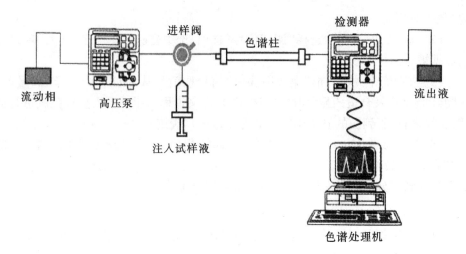

图7-8 高效液相色谱仪工作流程图

高压输液系统：主要作用是提供恒定的高压，使流动相（即载液）以一定的流量通过固定相。高压输液系统由储液瓶（用以盛放流动相）、高压泵、脱气装置和梯度洗脱装置构成。其核心部件是高压泵，一般使用不锈钢和聚四氟乙烯作为泵的材质。

梯度洗脱（gradient elution）是指在一个分析周期内，按一定程序不断改变流动相的浓度配比，从而使一个复杂样品中性质差异较大的组分被良好地分离。梯度洗脱又称为梯度淋洗或程序洗脱。在利用液相色谱法分析组分复杂的样品时多采用此方法。

高压梯度装置一般由两台（或多台）高压输液泵、梯度程序控制器（或计算机及接口板控制）、混合器等部件组成。

进样系统：高效液相色谱中，一般采用旋转式高压六通阀进样，进样原理如图7-9所示。取样（load位置）时，样品经进样器从1位进入定量环，定量环充满后，多余样品从6位放空废液管排出。进样（inject）时，阀与液相流路接通，由泵输送的流动相冲洗定量环，推动样品进入液相分析柱进行分析。

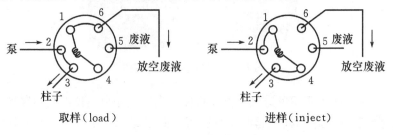

图7-9 六通阀进样示意图

分离系统(色谱柱):是高效液相色谱的核心部件。包括柱管和固定相两部分,柱管一般采用不锈钢管等材质。一般的液相色谱柱柱长为 10～25 cm,内径为 4～5 mm,固定相粒径为 3～5 μm(见图 7－10)。

图 7－10　高效液相色谱柱

检测系统:高效液相色谱常用的检测器有紫外检测器(表示为 UV)、二极管阵列检测器(表示为 PDA、PDAD、DAD)、示差折光检测器、荧光检测器和质谱检测器。二极管阵列检测器对大部分有机化合物有响应;荧光检测器可以检测产生荧光的物质,如多环芳烃、维生素 B、农药、氨基酸等。

信号记录系统:近年来气相色谱仪主要采用电脑及相应的处理软件处理色谱数据,并在电脑屏幕上给出获得的色谱图(包括保留时间和峰面积等数据)。

7.3.2　分析流程

储液器中的流动相被高压泵打入系统,样品溶液经进样器进入流动相,被流动相载入色谱柱(固定相)内,由于样品溶液中的各组分在两相中具有不同的分配系数,在两相中做相对运动时,经过反复多次的吸附－解吸的分配过程,各组分在移动速度上产生较大的差别,被分离成单个组分依次从柱内流出,通过检测器时,样品浓度被转换成电信号传送到记录仪,数据以色谱图形式打印出来。

7.3.3　操作步骤(以 LC－2000 高效液相色谱仪为例)

1)开　机

(1)将待测样品按要求进行前处理,准备 HPLC 所需流动相并超声脱气,检查线路是否连接完好。

(2)开机:打开检测器(detector)电源开关,待显示"OK"后打开泵(pump)电源开关;打开进样器(injector)开关,待检测器、泵、进样器显示稳定后,打开连接(link)开关。

(3)打开电脑,点击桌面上"Chrompass"程序,进入程序主界面。

2)编辑方法及样品分析

(1)建立方法,"File"菜单中选择"New"中"New method",设置方法信息包括分析时间、紫外吸收波长、流动相配(泵的最大压力设为 30.0),流速(一般设 0～2 mL/min),保存方法(save method)。

（2）建立样品序列（sequence）：点击"File"选择其下方的"New"选项中"New sequence"，进入进样序列界面。"Method"中选择自己建立的方法。在"Run Name（Prefix）"（文件名前缀）输入英文字符，在"Run Name（Suffix）"（文件命后缀）中输入为阿拉伯数字（注意文件名不能相同，因为程序只承认文件名，若有重复的文件名，只会给出第一次出现的文件的结果）；输入样品瓶位置、进样量。

（3）走基线：进样前必须先走基线。点击"Acquision"，选择"Monitoring Baseline"直至基线走平（吸光度稳定在 0 值附近，呈一直线）。

（4）进样：打开进样序列界面（sequence），点击"File"，选择"Open"选项中的"Open sequence"，选择序列名称（如 Nap. SEQU），在进样瓶所对应序号"Enabled"处打勾，点击"开始"（start）图标，开始进样。

3）数据分析

（1）从"File"菜单中，选择"Open"选项中"Open Chrompass"，进入数据分析界面。

（2）选择需要分析的文件名，点击"Open"，进入谱图界面。点击界面右上方"results"，在色谱图下方显示每个色谱峰信息。

4）关机

（1）关机：依次关闭电脑、连接（link）、进样器（injector）、检测器（detector）。

（2）冲洗色谱柱：样品测完后，需要冲洗色谱柱。具体流程是：在程序主界面左下方点击"Systems"，查看仪器的连接状态，点击"OFF"（关闭泵），在泵的显示屏处，手动调至有机相流动泵，打开"Pump"，冲洗 10 ~ 20 分钟，直至压力下降至稳定值。

（3）手动关闭"Pump"，关闭泵电源。

7.4　色谱法实验

实验一　气相色谱法测定苯系物

苯系物通常包括苯，甲苯，乙苯，邻、间、对位的二甲苯，异丙苯，苯乙烯八种化合物。除苯是已知的致癌物外，其他七种化合物对人体和水生生物均有不同程度的毒性。苯系物的工业污染源主要是石油、化工、炼焦生产的废水。同时，苯系物作为重要溶剂及生产原料有着广泛的应用，在油漆、农药、医药、有机化工等行业的废水中也含有较高含量的苯系物。

一、实验目的

（1）掌握气相色谱法测定苯系物的原理。

(2)掌握溶剂萃取方法。

(3)学习气相色谱仪测定苯系物的操作方法。

二、实验原理

用二硫化碳作萃取剂萃取水中的苯系物,取萃取液 5 μL 或 10 μL 注入色谱仪分析,用 FID 检测器检测。八种苯系物出峰顺序为苯、甲苯、乙苯、对二甲苯、间二甲苯、邻二甲苯、异丙苯、苯乙烯。以相对保留时间定性,外标法定量。

三、实验仪器和设备

(1)配备有氢火焰离子化检测器的气相色谱仪(含色谱工作站)。

(2)10 μL 微量注射器。

(3)色谱柱。

(4)250 mL 分液漏斗。

(5)其他常用玻璃仪器。

四、试剂

(1)苯系物标准物质:苯、甲苯、乙苯、对二甲苯、间二甲苯、邻二甲苯、异丙苯、苯乙烯均为色谱纯。

(2)苯系物标准储备液:各取色谱纯的苯系物标准试剂溶于适量甲醇中,用蒸馏水配成浓度为 100 mg/L 的苯系物混合水溶液作为苯系物的储备液。放于冰箱中保存,一周内有效。也可直接购买商品标准储备液。

(3)二硫化碳:分析纯。在气相色谱上没有苯系物检出。

(4)氯化钠:优级纯。

(5)高纯氮气:99.999%。

五、实验步骤

1. 色谱条件

(1)色谱柱:长 3 m,内径 4 mm 的螺旋型不锈钢管柱或玻璃色谱柱。柱填料:(3% 有机皂土 – 101 白色担体):(2.5% DNP – 101 白色担体) =35:65。

(2)温度:柱温 65 ℃;汽化室温度 200 ℃,检测器温度 150 ℃。

(3)气体流量:氮气 40 mL/min,氢气 40 mL/min,空气 40 mL/min。应根据仪器型号选用最合适的气体流速。

(4)检测器:FID。进样量:5 μL。

2. 标准曲线的绘制

(1)取苯系物标准储备液用蒸馏水配制成 1 mg/L、2 mg/L、4 mg/L、6 mg/L、

8 mg/L、10 mg/L 浓度系列水溶液。

（2）各取 100.0 mL 不同浓度的系列标准溶液，分别置于 250 mL 分液漏斗中，加入 5 mL 二硫化碳，振摇 2 分钟进行萃取，静置分层后，分离出有机相，用无水硫酸钠脱水，转入具塞刻度比色管中用二硫化碳定容至 5 mL。

（3）在规定的色谱条件下，取 5 μL 萃取液作色谱分析。以平均峰面积（A）为纵坐标，组分浓度为横坐标作图，计算回归曲线方程和相关系数。

3. 样品的测定

取 100.0 mL 待测水样置于 250 mL 分液漏斗中，按上述标准样品萃取方法及测定法进行萃取并测定。

4. 标准色谱图

标准色谱图见图 7－11。组分出峰顺序为苯、甲苯、乙苯、对二甲苯、间二甲苯、邻二甲苯、异丙苯、苯乙烯。

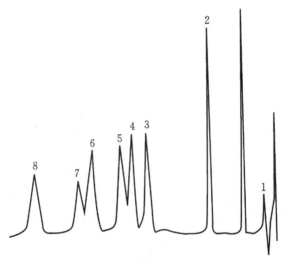

图 7－11　苯系物的标准色谱图

1—苯；2—甲苯；3—乙苯；4—对二甲苯；5—间二甲苯；

6—邻二甲苯；7—异丙苯；8—苯乙烯

六、原始数据记录

将数据记于表 7－1 至表 7－9 中。

表7-1 苯标准曲线的绘制　　　　年　月　日

苯标准溶液浓度(mg/L)	20	40	80	120	160	200
苯峰面积(A)						

表7-2 甲苯标准曲线的绘制　　　　年　月　日

甲苯标准溶液浓度(mg/L)	20	40	80	120	160	200
甲苯峰面积(A)						

表7-3 乙苯标准曲线的绘制　　　　年　月　日

乙苯标准溶液浓度(mg/L)	20	40	80	120	160	200
乙苯峰面积(A)						

表7-4 对二甲苯标准曲线的绘制　　　　年　月　日

对二甲苯标准溶液浓度(mg/L)	20	40	80	120	160	200
对二甲苯峰面积(A)						

表7-5 间二甲苯标准曲线的绘制　　　　年　月　日

间二甲苯标准溶液浓度(mg/L)	20	40	80	120	160	200
间二甲苯峰面积(A)						

表7-6 邻二甲苯标准曲线的绘制　　　　年　月　日

邻二甲苯标准溶液浓度(mg/L)	20	40	80	120	160	200
邻二甲苯峰面积(A)						

表7-7 异丙苯标准曲线的绘制　　　　年　月　日

异丙苯标准溶液浓度(mg/L)	20	40	80	120	160	200
异丙苯峰面积(A)						

表 7 - 8　苯乙烯标准曲线的绘制　　　　　　　　年　月　日

苯乙烯标准溶液浓度(mg/L)	20	40	80	120	160	200
苯乙烯峰面积(A)						

表 7 - 9　水样测定结果　　　　　　　　年　月　日

物质	苯	甲苯	乙苯	对二甲苯	间二甲苯	邻二甲苯	异丙苯	苯乙烯
峰面积(A)								

七、结果计算

以测定样品的峰面积在标准曲线上查出相应的浓度并按下式计算：

$$c_i = \frac{V_i \times \rho_i}{V} \times 10^3$$

式中：c_i——水样中待测组分 i 的浓度(mg/L)；

　　　ρ_i——二硫化碳萃取液中组分 i 的浓度，mg/mL；

　　　V_i——二硫化碳萃取液富集后的总体积，mL；

　　　V——水样体积，mL。

八、干扰及消除

对污染较为严重或者较为浑浊的水样，应先离心处理，取上清液进行萃取测定。

九、注意事项

(1)如果萃取时发生乳化现象，可在分液漏斗的下部塞一块玻璃棉过滤乳化液，弃去最初几滴，收集余下的二硫化碳溶液，以备测定。

(2)萃取过程中如出现乳化现象，可用无水硫酸钠破乳或用离心法破乳。

(3)色谱条件随色谱柱和色谱仪的不同而不同，应根据实际使用的仪器和色谱柱进行调整。

(4)如果色谱柱使用毛细管柱，则进样量应该相应减少，进样模式也需相应采用分流进样。

(5)配制苯系物标准储备液，可先移取苯系物溶于少量甲醇中后，再配制成水溶液。配制工作要在通风良好的条件下进行。

十、思考题

(1)能否不经萃取，将待测定水样直接注入色谱仪进行分析？为什么？

(2)影响苯系物出峰顺序的因素有哪些？

实验二　气相色谱法测定空气中总挥发性有机物

室内空气的污染源主要是建筑材料、板材、家具、油漆中的氡(放射性物质,有强致癌作用)、苯系物(过量吸入导致再生障碍性贫血和癌症)、甲醛(可导致细胞蛋白质变性)、氨(可导致咽喉水肿,诱发支气管炎)等。我国建设部制定了《民用建筑工程室内环境污染控制规范》(GB 50325—2006),规定了各类污染物的最高含量不得超过表7-10中的限额。

表7-10　各类污染物的最高限制

分类	氡 (Bq/m^3)	甲醛 (mg/m^3)	氨 (mg/m^3)	苯 (mg/m^3)	TVOC (g/m^3)
Ⅰ类民用建筑(住宅、幼儿园、教室等)	≤200	≤0.08	≤0.2	≤0.09	≤0.5
Ⅱ类民用建筑(办公楼、商场等)	≤400	≤0.12	≤0.5	≤0.09	≤0.6

一、实验目的

(1)学习气体分析的原理和方法。
(2)学习气体样品采样和处理方法。
(3)掌握程序升温气相色谱分析法。

二、实验原理

室内空气样品的采集可利用选择性吸附原理,将气体、液体中的挥发性组分吸附(富集)于填有所选吸附剂的玻璃管中,采样结束后带回实验室,选用溶剂淋洗-气相色谱法或者直接热解吸-气相色谱法进行检测。

本实验采用 Tenax 采样管对被测区域空气中的有机化合物进行有效的吸附富集,将吸附管带回实验室后,采用直接热解吸-气相色谱法进行分析,再用外标法定量。

三、实验仪器和设备

(1)大气采样器。
(2)气相色谱仪(配备有氢火焰离子化检测器和 50 m OV-1 毛细管柱)。
(2)Tenax 采样管。
(3)热解吸仪。

（4）1 μL 微量注射器。

（5）2 mL 容量瓶。

四、试剂

TVOC 标准溶液储备液：含苯、甲苯、对二甲苯、间二甲苯、邻二甲苯、苯乙烯、乙苯、乙酸丁酯、十一烷各 0.2 μg/mL，临用时稀释。

五、实验步骤

1. 色谱条件

（1）温度：汽化室温度 250 ℃，检测器温度 250 ℃。

柱温采用程序升温。初温为 50 ℃，保持 5 分钟，然后以 5 ℃/min 的速率升温至 250 ℃，保温 5 分钟，降温。

（2）气体流量：氮气 40 mL/min，氢气 40 mL/min，空气 40 mL/min。应根据仪器型号选用最合适的气体流速。

（3）检测器：FID。进样量：1 μL，分流比：50:1。

2. 标准曲线的绘制

（1）取 4 只 2 mL 容量瓶，用逐级稀释法将储备液稀释成 0.005 μg/mL、0.01 μg/mL、0.05 μg/mL、0.1 μg/mL 浓度的系列溶液。

（2）分别取 5 个标准溶液（包括储备液）1 μL 于经活化的空白热解吸管上端，在 250℃解吸 10 分钟，切换载气进样分析。每个浓度平行 3 次。

（3）以平均峰面积（A）为纵坐标，组分浓度为横坐标作图，计算回归曲线方程和相关系数。

3. 样品的测定

（1）气体样品的采集。

将 Tenax 采样管在活化器上活化 30 分钟（280℃，N_2 20 mL/min），冷却后在两端套上塑料帽。

在采样地点打开采样管，用乳胶管与大气采样器连接，以 0.5 mL/min 的速度采集 10 L 空气。采样后将采样管两端套上塑料帽，记录采样时的温度和大气压力。

（2）样品分析：拿下样品采样管两端的塑料帽，将采样管放入热解吸仪中，在和标样同样条件下进行直接热解吸分析。以峰面积进行定量计算。标准溶液中的不存在峰全部按甲苯计算。

（3）空白实验：同时以活化过的空白采样管在同样条件下进行空白实验。

六、原始数据记录

将数据记于表 7 - 11 至表 7 - 20 中。

表 7 - 11 苯标准曲线的绘制　　　　　　年　月　日

苯标准溶液浓度($\mu g/mL$)	0.005	0.01	0.05	0.1	0.2
苯峰面积(A)					

表 7 - 12 甲苯标准曲线的绘制　　　　　年　月　日

甲苯标准溶液浓度($\mu g/mL$)	0.005	0.01	0.05	0.1	0.2	200
甲苯峰面积(A)						

表 7 - 13 乙苯标准曲线的绘制　　　　　年　月　日

乙苯标准溶液浓度($\mu g/mL$)	0.005	0.01	0.05	0.1	0.2
乙苯峰面积(A)					

表 7 - 14 对二甲苯标准曲线的绘制　　　　年　月　日

对二甲苯标准溶液浓度($\mu g/mL$)	0.005	0.01	0.05	0.1	0.2
对二甲苯峰面积(A)					

表 7 - 15 间二甲苯标准曲线的绘制　　　　年　月　日

间二甲苯标准溶液浓度($\mu g/mL$)	0.005	0.01	0.05	0.1	0.2
间二甲苯峰面积(A)					

表 7 - 16 邻二甲苯标准曲线的绘制　　　　年　月　日

邻二甲苯标准溶液浓度($\mu g/mL$)	0.005	0.01	0.05	0.1	0.2
邻二甲苯峰面积(A)					

表 7 - 17 乙酸丁酯标准曲线的绘制　　　　年　月　日

乙酸丁酯标准溶液浓度($\mu g/mL$)	0.005	0.01	0.05	0.1	0.2
乙酸丁酯峰面积(A)					

表7-18 苯乙烯标准曲线的绘制					年 月 日
苯乙烯标准溶液浓度(μg/mL)	0.005	0.01	0.05	0.1	0.2
苯乙烯峰面积(A)					

表7-19 十一烷标准曲线的绘制					年 月 日
十一烷标准溶液浓度(μg/mL)	0.005	0.01	0.05	0.1	0.2
十一烷峰面积(A)					

表7-20 样品测定结果								年 月 日
物质	苯	甲苯	乙苯	对二甲苯	间二甲苯	邻二甲苯	苯乙烯	乙酸丁酯	十一烷
峰面积								

七、结果计算

将采样体积 V 换算成标准状况下的采样体积 V_0

$$V_0 = V \times \frac{T_0}{273 + T} \times \frac{P}{P_0}$$

式中：V_0、T_0、P_0 分别为标况下的体积、温度(273 K)和压力(101.3 kPa)。

根据回归方程计算出各组分的量,再根据下式计算出所采集的空气样品中各组分的含量和 TVOC 值,并根据表7-10判断所监测区域的空气质量是否合格。

$$c_i = \frac{m_i - m_0}{V_0}, \quad \text{TVOC} = \sum_{i=1}^{n} c_i$$

式中：c_i——所采集空气样品中,i 组分的含量,mg/m^3;

$\quad m_i$——被测样品中 i 组分的质量,μg;

$\quad m_0$——空白样品中 i 组分的质量,μg;

$\quad V_0$——空气标准状况采样体积,L。

八、注意事项

在选用吸附剂吸附(富集)气体、液体中的挥发性组分时,如果仅检测苯系物则以活性炭为吸附剂,检测 TVOC(总挥发有机物)则选择 Tenax 系列为吸附剂。

九、思考题

(1)什么是程序升温? 本实验中为什么要选择程序升温对挥发性物质进行测定?

(2)实验中如何根据样品浓度调节分流比？

实验三　气相色谱法测定土壤或底泥中有机氯农药

滴滴涕(DDT)和六六六是使用最早的两种有机氯农药,它们的物理化学性质稳定,不易分解,且难溶于水。水体中六六六和 DDT 易沉淀富集在底质中,监测底质对于了解其污染状况和过程有重要意义。

一、实验目的

(1)学习利用索氏提取法从固体物质中萃取待测定有机物的方法。
(2)学习填充柱的装柱及使用方法。

二、实验原理

以丙酮和石油醚为萃取剂,利用索氏提取器提取底泥中的 DDT 和六六六。提取液经水洗净化后,用带有电子捕获检测器(ECD)的气相色谱仪测定,用外标法定量。

三、实验仪器和设备

(1)索氏提取器:100 mL。
(2)K－D 浓缩器。
(3)样品瓶:1 L 玻璃广口瓶。
(4)气相色谱仪(配备有电子捕获检测器)。
(5)色谱柱:硅质玻璃填充柱长度为 2.0 m,内径为 2~3.5 mm。
(6)250 mL 分液漏斗。
(7)20 mL 量筒。
(8)5 μL、10 μL 微量注射器。
(9)玻璃棉:在索氏提取器上用丙酮提取 4 小时,晾干备用。

四、试剂

(1)石油醚。
(2)浓硫酸。
(3)优级纯无水硫酸钠。
(4)分析纯丙酮。
(5)20 g/L 硫酸钠溶液:使用前用石油醚提取三次,溶液与石油醚之比为 10:1。
(6)异辛烷:色谱进样无干扰峰。
(7)六六六、DDT 标准物质:α－六六六;β－六六六;γ－六六六;δ－六六六;

o,p′- DDT;p,p′- DDE;p,p′- DDD;p,p′- DDT。纯度为 95% ~ 99% 。

(8)储备溶液:称取每种标准物 100 mg,精确至 1mg,溶于异辛烷。在容量瓶中定容至 100 mL。也可购买商品标准储备液。

(9)中间溶液:用移液管移取八种储备溶液至 100 mL 容量瓶中,用异辛烷稀释至标线。八种储备液量取的体积比为:$V_{\alpha-六六六}:V_{\gamma-六六六}:V_{\beta-六六六}:V_{\delta-六六六}:V_{p,p′-DDE}:V_{o,p′-DDT}:V_{p,p′-DDD}:V_{p,p′-DDT} = 1:1:3.5:1:3:5:3:8$。

(10)标准使用液:根据检测器的灵敏度和线性要求,用石油醚稀释中间溶液,配制几种浓度的标准使用液(在 4℃ 条件下可贮存两个月)。

(11)色谱柱担体:Chromosorb WAW DMCS 80 ~ 100 目。

(12)色谱柱固定液:(含 50% 的苯基)甲基硅酮(OV - 17),最高使用温度 350 ℃;氟代烷基硅氧烷聚合物(QF - 1),最高使用温度 250 ℃。

(13)硅藻土(celite)。

(14)载气:纯度 99.9% 的氮气。

五、实验步骤

1. 色谱条件

(1)温度:汽化室温度 200 ℃;检测器温度 220 ℃;柱温 180 ℃。

(2)载气流速: 60 mL/min。

(3)固定液:1.5% OV - 17,1.95% QF - 1。

2. 标准曲线的绘制

(1)配制不同浓度的系列标准溶液,将 5 μL 各种浓度标准溶液注入色谱仪进行分析。

(2)以峰面积(A)为纵坐标,组分浓度为横坐标作图,计算回归曲线方程和相关系数。

3. 样品的测定

(1)样品的提取:将采集的底泥样品自然风干、碾碎,过 2 mm 筛。称取 20.00 g 风干并过筛的土壤(或底泥),置于小烧杯中,加 2 mL 水,加 4 g 硅藻土,充分混匀后用滤纸包好,移入索氏提取器中,将 40 mL 石油醚和 40 mL 丙酮混合后倒入提取器中,使滤纸刚刚浸泡,剩余的混合溶剂倒入底瓶中。

将试样浸泡 12 小时后,再提取 4 小时,待冷却后将提取液移入 250 mL 分液漏斗中。用 20 mL 石油醚分三次冲洗提取底瓶,将洗涤液并入分液漏斗中,向分液漏斗中加入 150 mL 2% 硫酸钠水溶液,振摇 1 分钟,静置分层后,弃去下层丙酮水溶液,上层石油醚提取液供净化用。

(2)净化:在盛有石油醚提取液的分液漏斗中,加入 6 mL 浓硫酸,开始轻轻振摇,注意放气,然后剧烈振摇 5 ~ 10 秒钟,静置分层后弃去下层硫酸。重复上述操作数次,至硫酸层无色为止。向净化的有机相中加入 5.0 mL 硫酸钠水溶液洗涤有机相两次,弃去水相,有机相通过铺有 5 ~ 8 mm 厚无水硫酸钠的三角漏斗(无水硫酸钠用玻璃棉支托),使有机相脱水。有机相流入具有 1 mL 刻度管的 K-D 浓缩器。用 3 ~ 5 mL 石油醚洗涤分液漏斗和无水硫酸层,洗涤液收集至 K-D 浓缩器中。

(3)样品的浓缩:将 K-D 浓缩器置于水浴锅中,水浴温度 40 ~ 70 ℃,当表观体积达到 0.5 ~ 1 mL 时,取下 K-D 浓缩器。冷却至室温,用石油醚冲洗玻璃接口并定容至一定体积。备色谱分析用。

(4)测定:注入 5 μL 样品溶液,按(1)中的色谱条件进行分析测定。

六、结果计算

$$c_2 = \frac{A_2 \times c_1 \times Q_1 \times V}{A_1 \times Q_2 \times W}$$

式中:c_2——土样或底泥中目标化合物浓度,μg/kg;

　　A_2——土样或底泥中目标化合物峰面积;

　　Q_2——样品的进样量,μL;

　　c_1——标准溶液中目标化合物浓度,μg/L;

　　A_1——标准溶液中目标化合物峰面积;

　　Q_1——标准溶液进样量,μL;

　　V——样品提取液最终体积, mL;

　　W——土样或底泥样品重量,g。

七、干扰及消除

样品中的有机磷农药、不饱和烃以及邻苯二甲酸酯类等有机化合物均能被丙酮和石油醚提取,且干扰 DDT 和六六六的测定。这些干扰物质可用浓硫酸洗涤除去。

八、注意事项

(1)新装填的色谱柱在通氮气条件下,连续老化至少 48 小时,老化时要注入六六六、DDT 的标准使用液,待色谱柱对农药的分离检测响应恒定后方能进行定量分析。

(2)样品预处理使用的有机溶剂有毒性,且易挥发燃烧,预处理操作需注意通风。

九、思考题

(1)什么是索氏提取法? 索氏提取法有哪些特点? 其主要用途是什么?

（2）气相色谱法中所用的 FID 检测器和 ECD 检测器在使用上有何区别？

实验四　高效液相色谱法测定牛奶中三聚氰胺

三聚氰胺的含氮量高达 66%，有造假者在奶制品中添加三聚氰胺，以造成奶中蛋白质含量高的假象。我国颁布的测定乳制品中三聚氰胺的三种标准方法是高效液相色谱法、液相色谱-质谱/质谱法、气相色谱-质谱/质谱法。

一、实验目的

（1）了解高效液相色谱仪的基本结构和分析流程。
（2）了解高效液相色谱仪的操作方法。
（3）掌握加标回收实验的过程和原理。

二、实验原理

用乙腈作为乳制品中的蛋白质沉淀剂和三聚氰胺提取剂，用强阳离子交换色谱柱分离，高效液相色谱-紫外检测器/二极管阵列检测器检测，利用外标法定量。

三、实验仪器和设备

（1）高效液相色谱仪[配备有 SCX 色谱柱（250 mm ×4.6 mm, 5 μm）、20 μL 进样环、紫外检测器或二极管阵列检测器]。
（2）酸度计。
（3）超声波清洗器。
（4）0.45 μm 微孔滤膜。
（5）100 μL 平头微量进样器。

四、试剂

（1）乙腈（色谱纯）。
（2）磷酸二氢钾（分析纯）。
（3）磷酸（分析纯）。
（4）三聚氰胺（分析纯）。
（5）一级水。
（6）流动相制备：

50.0 mmol/L 磷酸盐缓冲溶液：称取 3.40 g 磷酸二氢钾，加水 400 mL 搅拌完全溶解后，用磷酸调节 pH = 3.0，加水定容至 500 mL，0.45 μm 微孔滤膜过滤后备用。

按 $V($乙腈$):V($磷酸盐缓冲溶液$) = 30:70$ 配得流动相，超声脱气 15 ～20 分钟。

即得到流动相。

(7)1000.0 mg/L 三聚氰胺储备液:准确称取 100.0 mg 三聚氰胺标准物质,用水完全溶解后,100 mL 容量瓶定容至刻度,摇匀。

(8)200 mg/L 三聚氰胺标准溶液:准确移取 20.0 mL 三聚氰胺标准储备液,置于 100 mL 容量瓶中,用水稀释至刻度,摇匀。

五、实验步骤

1. 开机准备

开机预热 20 分钟,设定检测波长为 218 nm,用 $V(水):V(有机溶剂) = (90:10 \rightarrow 70:30)$ 流动相顺序冲洗色谱柱,直到基线平稳。

2. 色谱条件

流动相流量:1.0 mL/min;柱温:室温;检测波长:218 nm;进样量:0.10 mL。

3. 标准曲线的绘制

利用 200 mg/L 的三聚氰胺标准溶液,配制 0.02 mg/L、0.10 mg/L、0.20 mg/L、0.50 mg/L、2.00 mg/L、3.50 mg/L 和 5.00 mg/L 工作溶液注入色谱仪,利用"2. 色谱条件"进行分析,记录色谱流出曲线。记录总时间为三聚氰胺出峰时间的两倍。

以色谱峰面积(A)为纵坐标,组分浓度为横坐标作图,计算回归曲线方程和相关系数。

4. 奶样的测定

准确称取 5 g 奶样,置于 15 mL 刻度离心管中,加入 10 mL 乙腈,剧烈振荡 6 分钟,加水定容至满刻度,4000 r/min 离心 3 分钟,用一次性注射器吸取上清液,再用微孔滤膜过滤后备用。

样品加标:称取 5 g 奶样 2 份,分别置于 15 mL 刻度离心管中,加入 50 μL、100 μL 的 200 mg/L 三聚氰胺标准溶液,准确加入 10.0 mL 乙腈,剧烈震荡 6 分钟,加水定容至满刻度,4000 r/min 离心 3 分钟,用一次性注射器吸取上清液,再用微孔滤膜过滤,即制得三聚氰胺加标浓度为 1.0 mg/L、2.0 mg/L 的样品溶液。

将上述制得的奶样溶液或奶样加标液按照上述的色谱条件进行测定,得色谱图及其峰面积。

由工作曲线查出(或计算)奶样溶液中三聚氰胺的浓度,再计算出原料乳品中三聚氰胺的含量或浓度。

六、原始数据记录及计算

将数据记入表 7－21 至表 7－22 中。

表 7 - 21　三聚氰胺标准曲线的绘制

保留时间_____；检测波长：_____　　　　　　　　　　年　月　日

标准溶液浓度（mg/L）	0.02	0.10	0.20	0.50	2.00	3.50	5.00
峰面积（A）							

表 7 - 22　样品测定及加标回收实验　　　　　　　　　　年　月　日

编号	样品量（g）	加标量（mg/L）	保留时间	峰面积	测得浓度	回收率（%）
1	5.0	0.00				—
2	5.0	0.00				—
3	5.0	0.00				—
4	5.0	1.0				
5	5.0	2.0				

七、结果计算

根据标准谱图中三聚氰胺的保留时间对其进行定性分析。根据下式计算水样中三聚氰胺的浓度：

$$三聚氰胺（mg/L）= \frac{A - a}{b}$$

式中：A——水样中三聚氰胺的峰面积；

　　　b——回归方程的斜率；

　　　a——回归方程的截距。

八、思考题

（1）加标回收实验的目的是什么？

（2）如何计算加标回收率？

（3）本实验可否用峰面积归一化法进行定量？

实验五　高效液相色谱法测定苯系物和稠环芳烃

一、实验目的

（1）掌握高效液相色谱法的分离原理。

（2）掌握反相色谱法定义。

（3）学习外标法进行色谱定量实验。

二、实验原理

苯系物和稠环芳烃具有共轭双键,但其共轭体系的大小和极性不同,因而在固定相和流动相之间的分配系数不同,导致在柱内的移动速率不同而先后流出柱子。

苯系物和稠环芳烃在紫外区有明显的吸收,可以利用紫外检测器进行检测。在相同的实验条件下,将测定的未知物保留时间和已知纯物质作对照进行定性分析。

采用非极性的十八烷基键合相(ODS)为固定相,以极性的甲醇-水溶液为流动相的反相色谱分离模式特别适合于同系物(如苯系物)的分离。

三、实验仪器和设备

(1)高效液相色谱仪(配备有 C18 色谱柱、紫外检测器,检测波长 254 nm)。

(2)超声波清洗器。

(3)0.45 μm 微孔滤膜。

(4)25 μL 平头微量进样器。

四、试剂

(1)甲醇(HPLC 级)。

(2)苯、甲苯、萘、联苯(分析纯)。

(3)二次重蒸水。

(4)流动相制备。

按 V(甲醇):V(水) $=85:15$ 配得流动相,超声脱气 15 ~ 20 分钟。即得到流动相。

(5)标准溶液的配制:以"(4)流动相"为溶剂,分别配制组分浓度为 0.05% 的苯、甲苯、萘、联苯单组分标准溶液及四组分混合样品各一份。

五、实验步骤

1.开机准备

开机预热 20 分钟,设定检测波长为 254 nm,调整好流动相流量,用流动相顺序冲洗色谱柱,直到基线平稳。

2.色谱条件(作为参考,可根据色谱峰情况进行适当调整)

流动相流量:1.0 mL/min;柱温:室温;检测波长:254 nm;进样量:10 μL。

3.纯物质定性

分别取苯、甲苯、萘、联苯标准样品 10 μL 进样,记录色谱峰保留时间。

4. 标准曲线的绘制

取混合物标准溶液 2.0 μL、5.0 μL、10.0 μL、15.0 μL、20.0 μL 进样分析，测得标样中四组分的峰面积，以峰面积为纵坐标，以浓度为横坐标，绘制标准曲线。计算回归曲线方程和相关系数。

5. 样品的测定

取待测样品 10 μL 进样，由色谱峰的保留时间进行定性分析，以色谱峰的面积进行外标法定量。实验完成后按开机的逆次序关机。

六、原始数据记录及计算

将数据记于表 7 - 23 至表 7 - 25 中。

表 7 - 23　标准样品保留时间　　　　进样量: 10 μL

组分名称	苯	甲苯	萘	联苯
保留时间(min)				
峰面积(A)				

表 7 - 24　标准曲线的绘制　　　　年　月　日

| 组分名称 | 进样体积/μL | | | | |
	2	5	10	15	20
苯					
甲苯					
萘					
联苯					

表 7 - 25　样品的测定　　　　进样量: 10 μL

组分名称	苯	甲苯	萘	联苯
保留时间(min)				
峰面积(A)				
质量分数(w_i)				

七、思考题

(1)紫外检测器适用于检测哪些有机化合物?

（2）若实验获得的色谱峰面积太小,应如何优化实验条件?

（3）为什么液相色谱法多在室温条件下进行,而气相色谱法需要在较高柱温下进行?

（4）气相色谱法和液相色谱法在测定对象上有何区别?

实验六　离子色谱法测定降水中 F^-、Cl^-、HPO_4^-、SO_4^{2-}、NO_3^-、NO_2^-

离子色谱法(ion chromatography, IC)是高效液相色谱法(HPLC)的一种,是分析阴离子和阳离子的一种液相色谱方法。

离子色谱法是以低交换容量的离子交换树脂为固定相,以电解质溶液为流动相对离子性物质进行分离, 用电导检测器连续检测流出物电导变化的一种色谱方法。

离子色谱仪一般由四个部分组成,即输送系统、分离系统、检测系统和数据处理系统。

一、实验目的

（1）掌握离子色谱法的基本原理。

（2）了解离子色谱仪的仪器结构及基本操作技术。

（3）掌握离子色谱法的定性和定量分析方法。

二、实验原理

以阴离子交换树脂为固定相(分离柱),以 $NaHCO_3 - Na_2CO_3$ 为洗脱液进行分离,以电导检测器进行检测。

待测水样注入 $NaHCO_3 - Na_2CO_3$ 溶液并流经系列的阴离子交换树脂,待测阴离子(X)在分离柱上发生如下交换过程(式中 R 代表离子交换树脂):

$$R - HCO_3 + MX \rightarrow RX + MHCO_3$$

由于洗脱液不断流过分离柱,使交换在阴离子交换树脂上的各种阴离子被洗脱。各种待测定的阴离子对阴离子树脂的相对亲和力不同而彼此分开。亲和力小的阴离子先流出分离柱,亲和力大的阴离子后流出分离柱,使得各种不同的离子得到分离。

被分开的阴离子,在流经强酸性阳离子树脂(抑制柱)室时,被转换为高电导的酸型,$NaHCO_3 - Na_2CO_3$ 则转变成弱电导的碳酸(清除背景电导)。用电导检测器测量被转变为相应酸型的阴离子,与标准进行比较,根据保留时间定性,根据峰高或峰面积定量。一次性可连续测定多种无机阴离子。

三、实验仪器和设备

(1)离子色谱仪(配备电导检测器)。

(2)色谱柱:阴离子分离柱和阴离子保护柱。

(3)抑制柱。

(4)淋洗液或再生液贮存罐。

(5)0.45 μm 微孔滤膜。

(6)100 μL 微量注射器。

四、试剂

实验用水均为电导率小于 0.5 μS/cm 的二次去离子水,并经过 0.45 μm 微孔滤膜过滤。

(1)$NaHCO_3$ - Na_2CO_3 阴离子淋洗储备液:称取 19.10 g Na_2CO_3(分析纯以上)和 14.30 g $NaHCO_3$(分析纯以上)(均已在 105 ℃烘箱中烘 2 小时并冷却至室温),溶于高纯水中,转入 1000 mL 容量瓶中,加水至刻度,摇匀。贮存于聚乙烯瓶中,在冰箱中保存。此淋洗储备液为 0.17 mol/L $NaHCO_3$ + 0.18 mol/L Na_2CO_3。

(2)$NaHCO_3$ - Na_2CO_3 阴离子淋洗液:移取 10.00 mL 上述阴离子淋洗储备液置于 1000 mL 容量瓶中,用水稀释至标线,摇匀。此淋洗液为 0.0017 mol/L $NaHCO_3$ + 0.0018 mol/L Na_2CO_3。

(3)阴离子标准储备液:分别称取优级纯的 NaF(105 ℃烘箱中烘 2 小时)2.2 100g、$NaCl$(105℃烘箱中烘 2 小时)1.6485 g、$NaNO_2$(干燥器中干燥 2 小时)1.4997 g、$NaNO_3$(105 ℃烘箱中烘 2 小时)1.3708 g、Na_2HPO_4(干燥器中干燥 2 小时)1.4950 g、K_2SO_4(105 ℃烘箱中烘 2 小时)1.8142 g 溶于水,各自加入 10.00 mL 淋洗储备液,置于 1000 mL 容量瓶中,用水稀释至标线。贮存于聚乙烯瓶中,放入冰箱中冷藏。配制成的 F^-、Cl^-、NO_2^-、NO_3^-、HPO_4^-、SO_4^{2-} 储备液浓度均为 1000.0 mg/L。

(4)混合标准使用液:分别从六种阴离子标准储备液中吸取 5.00 mL、10.00 mL、20.00 mL、40.00 mL、50.00 mL 和 50.00 mL 的 F^-、Cl^-、NO_2^-、NO_3^-、HPO_4^-、SO_4^{2-} 于 1000 mL 容量瓶中,加入 10.00 mL 淋洗储备液,用水稀释至标线。此混合溶液中 F^-、Cl^-、NO_2^-、NO_3^-、HPO_4^-、SO_4^{2-} 浓度分别为 5.00 mg/L、10.00 mg/L、20.00 mg/L、40.00 mg/L、50.00 mg/L 和 50.00 mg/L。

五、实验步骤

1. 色谱条件

淋洗液浓度为 0.0017 mol/L $NaHCO_3$ + 0.0018 mol/L Na_2CO_3。电导检测器

检测。

根据不同型号选择最佳色谱条件。下例供参考：

淋洗液流速：1.5 mL/min；抑制器电流：70 mA；电导池温度：35 ℃；进样量：50 μL。

2. 标准曲线的绘制

（1）分别取阴离子混合标准使用液 1.00 mL、2.00 mL、3.00 mL、4.0 mL、5.00 mL 于 5 个 10 mL 容量瓶中，用高纯水稀释至刻度，摇匀，配制浓度不同的标准系列。

（2）按选好的色谱条件，待基线稳定后，将上述（1）中标准系列溶液 50 μL 注入色谱仪进行分析，测定六种阴离子的峰面积。

以峰面积（A）为纵坐标，离子浓度（mg/L）为横坐标绘制标准曲线，计算回归曲线方程和相关系数。

3. 样品的测定

将待测定水样用 0.45 μm 微孔滤膜过滤后，取 50 μL 注入色谱仪，按"实验步骤 1"色谱条件进行分析。

4. 标准色谱图

标准色谱图见图 7-12。组分从左至右出峰顺序为：F^-、Cl^-、NO_2^-、NO_3^-、HPO_4^-、SO_4^{2-}。

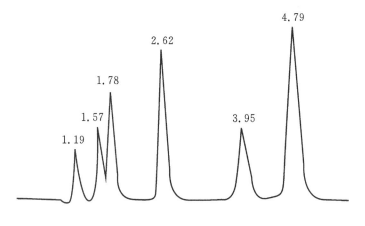

图 7-12　离子色谱标准谱图

六、原始数据记录

将数据记于表 7-26 至表 7-32 中。

表 7-26　F⁻ 标准曲线的绘制　　　　　　　年　月　日

F⁻ 标准溶液浓度(mg/L)	0.5	1.0	1.5	2.0	2.5
F⁻ 峰面积(A)					

表 7-27　Cl⁻ 标准曲线的绘制　　　　　　　年　月　日

Cl⁻ 标准溶液浓度(mg/L)	1.0	2.0	3.0	4.0	5.0
Cl⁻ 峰面积(A)					

表 7-28　NO₂⁻ 标准曲线的绘制　　　　　　年　月　日

NO₂⁻ 标准溶液浓度(mg/L)	2.0	4.0	6.0	8.0	10.0
NO₂⁻ 峰面积(A)					

表 7-29　NO₃⁻ 标准曲线的绘制　　　　　　年　月　日

NO₃⁻ 标准溶液浓度(mg/L)	4.0	8.0	12.0	16.0	20.0
NO₃⁻ 峰面积(A)					

表 7-30　HPO₄⁻ 标准曲线的绘制　　　　　年　月　日

HPO₄⁻ 标准溶液浓度(mg/L)	5.0	10.0	15.0	20.0	25.0
HPO₄⁻ 峰面积(A)					

表 7-31　SO₄²⁻ 标准曲线的绘制　　　　　年　月　日

SO₄²⁻ 标准溶液浓度(mg/L)	5.0	10.0	15.0	20.0	25.0
SO₄²⁻ 峰面积(A)					

表 7-32　水样测定结果　　　　　　　　　　年　月　日

物质	F⁻	Cl⁻	NO₂⁻	NO₃⁻	HPO₄⁻	SO₄²⁻
保留时间(min)	1.19	1.57	1.78	2.62	3.95	4.79
峰面积(A)						

七、结果计算

根据标准谱图中各种阴离子的色谱峰保留时间对六种阴离子进行定性分析。

根据下式计算水样中各种阴离子的浓度：

$$X^-（mg/L）= \frac{A - a}{b}$$

式中：X^-——水样中待测阴离子的浓度（mg/L）；

　　A——水样的峰面积；

　　b——回归方程的斜率；

　　a——回归方程的截距。

八、干扰及消除

（1）当水的负峰干扰 F^- 或 Cl^- 测定时，可于 100 mL 水样中加入 1 mL 淋洗储备液来消除水负峰的干扰。

九、注意事项

（1）亚硝酸根不稳定，最好临用前现配。

（2）样品需经 0.45 μm 滤膜过滤，除去样品中的颗粒物，防止系统堵塞。

（3）离子色谱柱使用前后，均应采用去离子水或洗脱液进行充分清洗，以保护色谱柱，延长柱子的使用寿命。

（4）对于污染严重的水样应进行预处理后再分析，以防止污染离子色谱柱。

（5）洗脱液使用前一定要经过超声脱气。

十、思考题

（1）简述离子色谱柱的分离机理。

（2）离子色谱测定中，pH 值如何影响分离度和保留时间？

第8章　其他仪器分析法

8.1　红外光谱法及实验

8.1.1　红外光谱法原理

红外光谱(infrared spectrometry，IR)又称为振动转动光谱,是由于分子振动能级的跃迁产生,同时也伴随着分子转动能级的跃迁。当样品受到频率连续变化的红外光照射时,样品分子吸收了某些频率的辐射,分子发生振动或转动运动,从而引起偶极矩的变化,产生分子振动能级从基态到激发态的跃迁,形成红外光谱。

红外光谱的波长范围大约为 $0.8 \sim 1000$ μm(对应的波数范围为 $10 \sim 12500$ cm^{-1})。根据波数范围的不同分为近红外区($12500 \sim 4000$ cm^{-1})、中红外区($4000 \sim 400$ cm^{-1})、远红外区($400 \sim 10$ cm^{-1})三个区域。多数有机化合物的基频吸收峰位于中红外区。因此中红外区谱图最适合用于对化合物进行定性和定量分析。目前多数红外光谱仪器提供中红外区的测定。

由于不同物质分子中存在各种不同的基团,因此可吸收不同频率的红外辐射,发生的振动转动能级跃迁也会不同,形成各自不同的红外光谱,因此,通过测定物质的红外吸收光谱,可对物质进行定性、定量分析。

8.1.2　傅里叶变换红外光谱仪及使用

1)仪器结构

傅里叶变换红外光谱仪(Fourier transform infrared spectrophotometer，FTIR)是20 世纪 70 年代出现的第三代红外光谱仪,也是目前使用较为广泛的红外光谱仪。在傅里叶变换红外光谱仪中,首先是把光源发出的光经迈克尔逊干涉仪变成干涉光,再用干涉光照射样品,经检测器获得干涉图,再通过傅里叶变换而得到红外吸收光谱。图 8-1 为傅里叶变换红外光谱仪的基本结构示意图。

2)分析试样的制备

红外光谱分析中,样品的制备及处理占有重要地位,如果样品处理不当,即使仪器性能再好,也不能得到令人满意的红外吸收光谱图。

(1)红外光谱分析对样品的要求。

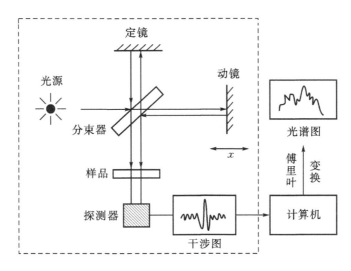

图 8 - 1　傅里叶变换红外光谱仪结构示意图

①样品的浓度和测试厚度应适宜。一般使红外谱图中大多数吸收峰透射比处于 10% ～60% 范围为宜。样品太稀、太薄会使弱峰或光谱细微部分消失,但太浓、太厚会使强峰超出标尺。

②样品应不含水分,包括游离水和结晶水。因为水不仅会腐蚀吸收池盐窗,还会干扰样品分子中羟基的测定。

③样品应是单一组分的纯物质,其纯度应大于 98% ,否则会因杂质光谱干扰而引起光谱解析时"误诊",也不便与标准光谱图对照。

(2)样品的制备。

①气体试样:使用气体池,先将池内空气抽走,然后吸入待测气体试样。

②液体试样:常用的方法有液膜法和液体池法。

液膜法:沸点较高的样品,直接滴在两块盐片之间,形成液体毛细薄膜(液膜法)进行测定。具体操作为:取两片盐片,用浸有四氯化碳或丙酮的棉球清洗其表面并晾干。在一盐片上滴一滴试样,另一盐片压于其上,装入到可拆式液体样品测试架中进行测定。测定完毕后,取出盐片,用浸有四氯化碳或丙酮的棉球清洗干净后,放回保干器内保存。

液体池法:沸点较低、挥发性较大的试样或者黏度小且流动性较大的高沸点样品,可以注入封闭液体池中进行测试。液层厚度一般为 0.01 ～1 mm。

③固体试样:常用的方法有压片法和石蜡糊法。

压片法:取约 1 ～2 mg 样品与干燥的 KBr(约 100 mg)在玛瑙研钵中混合均匀,充分研磨后,放入固体压片模具之间,然后把模具放入压片机中进行压片。在大约 8 t/cm² 的压力下保持 1 ～2 分钟,即可得到透明或半透明的薄片。将薄片放入红外光谱仪的固体样品测试架中进行光谱测定。

石蜡糊法:将干燥处理后的试样研细,与液体石蜡或全氟代烃混合,调成糊状,夹在盐片中测定。

3)操作步骤(以 IS50 红外光谱仪为例)

(1)开机。

开机时,先打开仪器电源,稳定半小时,使得仪器能量达到最佳状态。

开启电脑,并打开仪器操作平台 OMNIC 软件,仪器自动进行自检(约 1 分钟),自检对话框会出现绿色"√",表明仪器与计算机连接正常,状态良好,可进行测样。

(2)样品的制备(以固体压片法为例)。

取 1~2 mg 的样品在玛瑙研钵中研磨成细粉末与干燥的溴化钾(AR 级)粉末(约 100 mg,粒度 200 目)混合均匀,装入模具内,在压片机上压制成片测试。对于 3 mm 的模具,样品 0.5 mg,溴化钾 70 mg;对于 13 mm 的模具,样品 1 mg,溴化钾 140 mg。

(3)样品测试。

把制备好的样品放入样品架,然后插入仪器样品室的固定位置上。

打开 Omnic 软件,选择"采集"菜单下的"实验设置"选项设置需要的采集次数,分辨率和背景采集模式后,点击"ok"。

采集次数:采集次数越多,信噪比越好,通常情况下可选 16 次,如果样品的信号较弱,可适当增加采集次数。

分辨率:固体和液体通常选择 4 cm^{-1},气体视情况而定,可选 2 cm^{-1}甚至更高的分辨率。

背景采集模式:建议选择第一项"每采一个样品前均采一个背景"或第二项"每采一个样品后采一个背景"。如果实验室环境控制的较好的话,可以选择第三项"一个背景反复使用____时间"。如果有指定的背景,也可选第四项"选择指定的背景"。

检查"实验设置"选项设置中的"光学台",最大值正常值范围应在 2~9.8。参数:

样品仓:主样品仓;

检测器:DTGS KBr(液氮检测器 MCT/A 用于近中红外更准确的测试);

分束器:KBr(测远红外时检测器需更换远红外分数器);

光源:红外(测近红外时选白光);

附件:透射 E. P. S. ;

窗口:KBr(测远红外时需卸掉 KBr 窗口);

增益:1(液氮检测器应设为自动增益);

动镜速率:0.4747;

光阑:100(液氮检测器需减小至光学台中的最大值在正常范围内);

衰减轮:不衰减(衰减为2%)。

背景采集模式为第一项、第二项和第四项时,直接选择"采集样品"开始采集数据,背景采集模式为第三项时,先选择"采集背景",按软件提示操作后选择"采集样品"

采集数据。

选择"文件"菜单下"另存为",把谱图存到相应的文件夹。

将接触过样品的所有仪器部件都要用酒精清洗干净后再进行下一个样的测试。

(4)扫描、输出及谱图分析。

测试红外光谱图时,先扫描空光路背景信号,再扫描样品文件信号,经傅里叶变换得到样品红外光谱图。根据需要,打印或者保存红外光谱图,并做谱图分析,判断样品的主要物质成分。

(5)关机程序。

关机时,先关闭 OMNIC 软件,再关闭计算机。

8.1.3　红外光谱法实验——有机物的红外光谱测定及结构分析

1)实验目的

(1)掌握红外光谱仪的基本构造和工作原理。

(2)掌握红外光谱法测定固体试样和液体试样时的不同制备方法。

(3)掌握根据红外光谱鉴定官能团并根据官能团确定未知组分主要结构的方法。

(4)学习红外光谱仪的使用。

2)实验原理

当用一定频率的红外光照射某一物质时,如果红外光的频率与该物质分子中某些基团的振动频率相等,则该物质就能吸收这一波长红外光的辐射能量,分子由振动基态跃迁到激发态,产生红外光谱。

不同的化合物具有不同特征的红外光谱,因此可用红外光谱判断物质中存在的某些官能团,进而进行物质的结构分析。

3)仪器与设备

(1)傅里叶变换红外光谱仪。

(2)压片机。

(3)玛瑙研钵。

（4）KBr 盐片（或 NaCl 盐片）。

（5）红外灯。

4）试剂

（1）苯甲酸:80℃下干燥 24 小时,存于保干器中。

（2）乙酸乙酯:分析纯。

（3）溴化钾:130℃下干燥 24 小时,存于保干器中。

（4）无水乙醇:分析纯。

5）实验步骤

（1）固体样品苯甲酸的红外吸收光谱测定。

①取干燥的苯甲酸试样 1~2 mg 置于玛瑙研钵中,再加入 150 mg 干燥的 KBr 粉末研磨至完全混匀（颗粒粒度约为 2 mm）。

②取出约 100 mg 移入干净的压片磨具中,置于压片机上,在 29.4 MPa 压力下压制 1 分钟,制成透明薄片。

③将夹持薄片的螺母装入红外光谱仪的试样架上,插入红外光谱仪试样池的光路中,用纯 KBr 薄片为参比片,先粗测透射比是否达到或超过 40%,若达到 40%,按仪器操作方法在 4000~400 cm^{-1} 范围内进行波数扫描,得到苯甲酸的红外光谱。若未达到 40% 透射比,则需要重新压片。

④扫描结束后,取下试样架,取出薄片,按要求将磨具、试样架等擦净收好。

（2）液体样品乙酸乙酯的红外光谱测定。

在可拆式液体试样池的金属池板上垫上橡皮圈,在孔中央位置放一 KBr 盐片,然后在 KBr 盐片上滴加一滴乙酸乙酯样品,压上另一块盐片（不能有气泡）,再将另一金属片盖上,旋紧对角方向的螺丝,将盐片加紧形成一层薄的液膜。将它置于红外光谱仪样品池中的光路中,以空气为参比,按仪器操作方法在 4000~400 cm^{-1} 范围内进行波数扫描,即得到液体样品乙酸乙酯的红外光谱。

扫描结束后,取下试样池,松开螺丝,小心取出盐片,用软纸擦去液体,滴几滴无水乙醇洗去试样。擦干、烘干后,将两盐片放入干燥器保存。

6）结果处理

将测得的苯甲酸和乙酸乙酯红外谱图分别与已知标准谱图进行对照比较,列出主要吸收峰并确认归属。

7）注意事项

制得的样品薄片必须无裂痕,呈透明或半透明,局部无发白现象。否则需重新制作。局部发白,表示压制的晶片薄厚不均匀。晶片模糊,表示已经吸潮。

研磨时仍应随时防止吸潮,否则压出的样品片易粘在磨具中。

8）思考题

（1）压片法制样时，为什么要求将固体试样研磨到颗粒粒度在 2 μm 左右，并且要求 KBr 粉末干燥，避免吸收受潮？

（2）红外光谱分析中，为什么采用 KBr 作样品盐窗或介质？

（3）详细说明各种制样方法及注意事项。

8.2 荧光法及实验

8.2.1 荧光光度法分析原理

荧光是光致发光，即在通常状况下处于基态的物质分子吸收激发光后变为激发态，这些处于激发态的分子不稳定，在返回基态的过程中将一部分的能量又以光的形式放出从而产生荧光。

荧光具有两个特征光谱：激发光谱和发射光谱。固定荧光发射波长，扫描获得激发光谱；固定激发波长，扫描得到发射光谱。荧光发射光谱具有如下特点：

（1）在溶液中，分子荧光的发射波长总是比其相应的吸收光谱波长长，这种现象叫作斯托克位移（Stokes shift）。

（2）荧光发射光谱的形状与激发波长无关。

（3）荧光发射光谱和它的吸收光谱呈镜像对称关系。图 8-2 所示为蒽的激发光谱和荧光（发射）光谱。

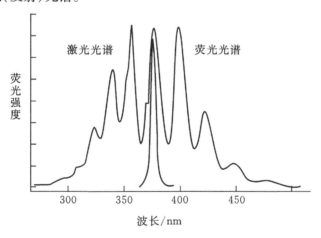

图 8-2 蒽的激发光谱（左）和发射光谱（右）

具有电子共轭体系的分子和刚性平面结构的分子可以发出荧光。在稀溶液中（吸光度小于 0.05），荧光强度与发光物质的浓度关系为：

$$I_f = 2.303\varphi_f I_0 \varepsilon bc$$

从上式可知,荧光强度 I_f 与光源强度 I_0、荧光物质量子产率 φ_f、摩尔吸光系数 ε 以及吸光液层厚度 b 呈正比关系。当入射光强度、光程不变时,稀溶液的荧光强度与溶液浓度成正比。据此可对发荧光物质进行定量分析。与紫外-可见分光光度法类似,荧光分析通常也采用标准曲线法进行。

荧光分析法的灵敏度与以下因素有关:被分析物的绝对灵敏度(由摩尔吸光系数和荧光效率决定)、仪器灵敏度(由光源强度、检测器灵敏度及仪器光学效率决定)和方法灵敏度。

8.2.2　荧光光度计仪器结构及使用

1)仪器结构

荧光光度计也叫荧光光谱仪,由以下几个基本部件组成:激发光源、样品池、单色器(两个,分别用于选择激发光波长和荧光波长)、检测器。荧光光度计的结构示意图如图 8 - 3 所示。

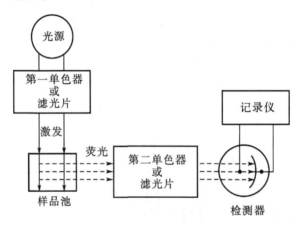

图 8 - 3　荧光光度计结构示意图

(1)光源:常用氙灯(有时也用高压汞灯)。

(2)样品池:荧光测量用的样品池通常用四面透光的方形石英池。

(3)单色器:荧光光度计上有两个单色器,第一个单色器置于光源与样品池之间,用于选择所需的激发波长。第二个单色器置于试样池与检测器之间,用于分离出所需检测的荧光发射波长。荧光光度计一般用滤光片作为单色器。

(4)检测器:检测器一般用光电倍增管。

测定时,由光源发出的光经激发单色器照射到样品池中,激发样品中的荧光物质发荧光,荧光经过发射单色器分光后,被光电倍增管所接受,然后以图或数字的形式显示出来。在荧光最强波长处测量随激发波长而变化的荧光强度,得到荧光激发光谱,即荧光物质的吸收光谱。如果在最大激发波长处,测量荧光强度随荧光波长的变化,便得到荧光光谱(发射光谱)。

2)F-7000 荧光分光光度计操作步骤

(1)开机。

①开启计算机。

②开启仪器主机电源。按下仪器主机左侧面板下方的黑色按钮(POWER)。同时,观察主机正面面板右侧的 Xe LAMP 和 RUN 指示灯依次亮起来,都显示绿色。

(2)计算机进入 Windows XP 视窗后,打开运行软件。

双击桌面图标(FL Solution 4.0 for F-7000)。主机自行初始化,扫描界面自动进入。

初始化结束后,须预热 15~20 分钟,按界面提示选择操作方式。

(3)测试模式的选择:波长扫描(wavelength scan)。

点击扫描界面右侧"Method"。

在"General"选项中的"Measurement"选择"wavelength scan"测量模式(wavelength scan 为二维测试,3D-scan 为三维测试)。

在"Instrument"选项中设置仪器参数和扫描参数。主要参数选项包括:

①选择扫描模式"Scan Mode":Emission/Excitation/Synchronous(发射光谱、激发光谱和同步荧光)。

②选择数据模式"Data Mode"为:Fluorescence(荧光测量)。

③设定波长扫描范围(一般用 Emission 模式)。

A. 扫描荧光激发光谱(excitation):需设定激发光的起始/终止波长(EX Start/End WL)和荧光发射波长(EM WL);

B. 扫描荧光发射光谱(emission):需设定发射光的起始/终止波长(EM Start/End WL)和荧光激发波长(EX WL);

C. 扫描同步荧光(synchronous):需设定激发光的起始/终止波长(EX Start/End WL)和荧光发射波长(EM WL)。

Attention:激发光起始与终止波长差不小于 10 nm。

3D-scan 模式下,EX EM 均需设置起始终止波长,以及间隔。

④选择扫描速度"Scan Speed"(通常选 12000 nm/min)。

⑤选择激发/发射狭缝(EX/EM Slit)。

⑥选择光电倍增管负高压"PMT Voltage"(一般选 500 V)。

⑦选择仪器响应时间"Response"(一般选 Auto)。

⑧选中光闸控制"□Shutter Control"复选框,以使仪器在光谱扫描时自动开

启,而其他时间关闭。

⑨选择"Report"设定输出数据信息、仪器采集数据的步长及输出数据的起始和终止波长(Data Start/End)。

Attention:Data Start/End 需与"Instrument"选项中设置一致,否则所得到的数据点会逐渐减少,而无法作图。

参数设置好后,点击"确定"。

(4)设置文件存储路径。

点击扫描界面右侧"Sample"。

样品命名"Sample name"。

选中"□Auto File"复选框。可以自动保存原始文件和 TXT 格式文本文档数据。

参数设置好后,点击"OK"。

(5)扫描测试。

打开盖子,放入待测样品后,盖上盖子(请勿用力)。

点击扫描界面右侧"Measure"(或快捷键 F4),窗口在线出现扫描谱图。

(6)数据处理。

选中自动弹出的数据窗口(二维测试图)。

点击"Report"按钮将数据存储至电脑。

(7)关机顺序。

关闭运行软件 FL Solution 4.0 for F-7000,弹出窗口。

选中"Close the lamp,then close the monitor windows?"。

点击"Yes",窗口自动关闭。同时,观察主机正面面板右侧的 Xe LAMP 指示灯暗下来,而 RUN 指示灯仍显示绿色。

约10分钟后,待机器变凉可关闭仪器主机电源,即按下仪器主机左侧面板下方的黑色按钮(POWER)(目的是仅让风扇工作,使 Xe 灯室散热)。

8.2.3　荧光分析法实验——荧光光谱法测定铝离子

1)实验目的

(1)了解荧光分光光度计的基本结构和工作原理。

(2)掌握荧光光度计的基本操作。

(3)掌握荧光光度法测定铝离子的基本原理和方法。

(4)掌握溶剂萃取等基本操作。

2)实验原理

在低浓度情况下,当入射光强度、光程长、仪器工作条件不变时,发荧光物质的

荧光强度 F 与浓度 c 成正比。

这是荧光光谱法定量分析的依据。

铝离子本身不发荧光,不能用荧光分析法直接测定。但是铝离子可与 8 -羟基喹啉反应生成发荧光的配合物(8 -羟基喹啉铝)。该配合物属脂溶性物质,可被氯仿萃取,以荧光法进行测定。8 -羟基喹啉铝的最大激发波长和最大发射波长分别为 390 nm 和 510 nm。

3) 仪器

(1) 荧光光谱仪。

(2) 石英试样池。

(3) 125 mL 分液漏斗。

(4) 长颈漏斗。

(5) 移液管。

(6) 容量瓶。

4) 试剂

(1) 冰醋酸。

(2) 氯仿(分析纯)。

(3) 2.0 mg/L 铝离子储备液:准确称取 1.760 g 硫酸铝钾 $[Al_2(SO_4)_3 \cdot K_2SO_4 \cdot 24H_2O]$ 固体溶于 20 mL 水中,滴加 (1+1) 硫酸至溶液澄清,移入 100 mL 容量瓶中,用蒸馏水稀释至刻度并摇匀。

(4) 4.0 μg/L 铝离子标准溶液:准确移取 2.0 mL 铝离子储备液至 1000 mL 容量瓶中,用蒸馏水稀释至刻度并摇匀。

(5) 2% 8 -羟基喹啉溶液:称取 2 g 8 -羟基喹啉溶于 6 mL 冰醋酸中,用水稀释至 100 mL。

(6) 缓冲溶液:每升含 200 g 醋酸铵和 70 mL 浓氨水。

5) 实验步骤

(1) 标准曲线的绘制。吸取铝离子标准溶液 0 mL、10.0 mL、20.0 mL、30.0 mL、40.0 mL 和 50.0 mL 分别放入 6 个 50 mL 容量瓶中,用水稀释至刻度,摇匀。

(2) 荧光配合物的生成和萃取。

取 6 个 125 mL 分液漏斗,各加入 45 mL 蒸馏水,向每个分液漏斗中依次分别加入系列标准溶液 5.0 mL。再向每个分液漏斗中加入 8 -羟基喹啉和缓冲溶液各 2 mL。摇匀反应 5 分钟后,以氯仿为萃取剂萃取 2 次,每次 10 mL。将有机相通过干燥脱脂棉滤入 50 mL 容量瓶中,以少量氯仿洗涤脱脂棉,洗液并入容量瓶中,以氯仿稀释至刻度并摇匀。

(3) 激发光谱和发射光谱的绘制。

转移其中一个容量瓶中的部分溶液(第一个容量瓶除外)至石英比色皿中,将荧光光度计的激发波长设定为 390 nm,在 450~600 nm 间扫描发射光谱;设定发射波长为 510 nm,在 330~460 nm 波长范围内扫描激发光谱。在激发光谱和发射光谱上分别找出最大激发波长和最大发射波长。

(4)标准溶液荧光的测定。

以最大激发波长的光激发试样,对各标准溶液在 450~600 nm 间扫描发射光谱,记录其在最大发射波长处的荧光强度,每种溶液重复扫描三次,取平均值。

以标准系列溶液质量为横坐标、荧光强度为纵坐标,进行线性回归。

(5)试样的测定。

取一定体积的待测试样,按第(2)步处理后,依照第(4)步条件测定其荧光强度。

6)原始数据记录

(1)从激发光谱中确定最大激发波长_____ nm。

(2)从发射光谱中确定最大发射波长_____ nm。

(3)铝标准溶液荧光强度的测量,数据记入表 8-1。

表 8-1　铝标准曲线的绘制

Al 标准溶液体积/mL	0.00	10.0	20.0	30.0	40.0	50.0
Al 质量(ng)	0	4.0	8.0	12.0	16.0	20.0
荧光强度(I_f)						

(4)试样溶液的荧光强度_____。

7)结果计算

根据以下公式计算待测试样中铝离子的浓度:

$$c_{(Al^{3+},ng/mL)} = \frac{m}{V}$$

式中:m——标准曲线上得到的 Al 相应量(ng);

　　V——待测试样体积,mL。

8)注意事项

分液漏斗使用前应检查是否漏液,如有漏液现象,依下法配制甘油淀粉糊涂抹活塞:9 g 可溶性淀粉,22 g 甘油,混匀加热至 140 ℃保持 30 分钟,并不断搅拌至透明,放冷。

9)思考题

(1)为何要用干燥脱脂棉过滤氯仿萃取液?

(2)可否用凡士林处理分液漏斗旋塞处? 为什么?

（3）荧光光度计中,激发光源和荧光检测器为什么不在一条直线上?

8.3　电感耦合等离子体原子发射光谱法（ICP-AES）及实验

8.3.1　仪器结构及原理

电感耦合等离子体原子发射光谱法（ICP-AES）是将试样在等离子体光源中激发,使待测元素发射出特征波长的辐射,经分光后利用原子发射光谱法测定其特征辐射的强度而进行定量分析的方法。下面简要介绍一下等离子体光源和原子发射光谱法。

1）电感耦合等离子体光源

电感耦合等离子体（inductive coupled plasma，ICP）是目前发射光谱分析中最为常用的一种光源。所谓等离子体是指已经电离但宏观上呈电中性的物质。等离子体的电磁学性质与普通中性气体有很大差别。

电感耦合等离子体光源通常是由高频发生器、等离子体（ICP）炬管和雾化器三部分组成。高频发生器的作用是产生高频磁场,供给等离子体能量。

等离子炬管由三层同心石英玻璃管组成（见图 8-4）。外层管内通入 Ar 气避免等离子炬烧坏石英管。中层石英管出口做成喇叭形状,通入 Ar 气以维持等离子体。内层石英管内径为 1~2 mm,由 Ar 气作为载气将试样气溶胶从内管引入等离子体。

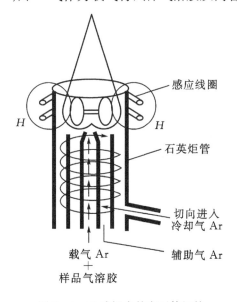

图 8-4　电感耦合等离子体炬管

当高频电源与围绕在等离子炬管外的负载感应线圈接通时,高频感应电流流过线圈,产生轴向高频磁场。此时向炬管的外管内切线方向通入冷却气体 Ar,中层管内轴向(或切向)通入辅助气体 Ar,并用高频点火装置引燃,使气体触发产生载流子(离子和电子)。当载流子多至足以使气体有足够的电导率时,在垂直于磁场方向的截面上感应产生环形涡电流。强大的感应电流(几百安)瞬间将气体加热至 10000 K,在管口形成一个火炬状的稳定等离子炬,试样通过雾化器形成气溶胶进入等离子炬管,在等离子炬的高温下进行蒸发、原子化和激发。

2)原子发射光谱法

原子发射光谱法(atomic emission spectrometry, AES),是利用物质在热激发或电激发下,待测元素的原子或离子发射特征谱线来对待测元素进行分析的方法。

在正常状态下,原子处于基态,原子在受到热(火焰)或电(电火花)激发时,由基态跃迁到激发态,返回到基态时,发射出特征光谱(线状光谱)。原子发射光谱法包括了三个主要的过程,即:

(1)由光源提供能量使样品蒸发,形成气态原子,并进一步使气态原子激发而产生光辐射;

(2)将光源发出的复合光经单色器分解成按波长顺序排列的谱线,形成光谱;

(3)用检测器检测光谱中谱线的波长和强度。

由于待测元素原子的能级结构不同,因此发射谱线的特征不同,据此可对样品进行定性分析;而根据待测元素原子的浓度不同,因此发射强度不同,可实现元素的定量测定。

8.3.2　ICP-AES 仪器结构及使用

1)仪器结构

原子发射光谱仪主要由光源、光学系统、检测系统和数据处理系统组成。

(1)光源:提供足够的能量使试样蒸发、原子化、激发,从而产生发射光谱。在原子发射光谱中,光源也是原子源。目前最为常用的光源是电感耦合等离子体。

(2)光学系统:由狭缝、透镜、反射镜和色散元件(单色器)组成。色散元件为棱镜或光栅。

(3)检测系统:有射谱和直读等类型。射谱是将光源产生的发射光谱经色散元件分光后照射到照相干板上,得到粗细深浅不同的、按照波长顺序排列的谱线。根据谱线的波长位置进行定性分析,根据谱线黑度进行定量分析。这类仪器叫作摄谱仪。如果将光源产生的发射光谱经色散元件分光后照射到光电转换器件上,再对电信号进行处理,即可得到定性或定量的信息,这类仪器称为直读摄谱仪。

2)iCAP6300 原子发射光谱仪操作步骤

(1)开机预热。

①确认有足够的氩气用于连续工作。

②确认废液收集桶有足够的空间用于收集废液。

③打开稳压电源开关,检查电源是否稳定,观察约 1 分钟。

④打开氩气并调节分压在 0.60～0.65 MPa。保证仪器驱气 1 小时以上。

⑤打开计算机。

⑥若仪器处于停机状态,打开主机电源。仪器开始预热。

⑦待仪器自检完成后,双击"iTEVA"图标,启动 iTEVA 软件,进入操作软件主界面,一起开始初始化。检查联机通讯情况。

(2)编辑分析方法。

①选择元素及谱线。

②设置参数。

③设置工作曲线参数。

(3)点燃 ICP 炬。

①再次确认氩气储量和压力,并确保驱气时间大于 1 小时,以防止 CID 检测器结霜,造成 CID 检测器损坏。

②光室温度稳定在(38±0.2)℃。CID 温度小于 -40 ℃。

③检查并确认进样系统(矩管、雾化室、雾化器、泵管等)是否正确安装。

④夹好蠕动泵夹,把试样管放入蒸馏水中。

⑤开启通风。

⑥开启循环冷却水。

⑦打开软件 iTEVA 软件中"等离子状体"对话框;查看连锁保护是否正常,若有红灯警示,需做相应检查,若一切正常点击"等离子体开启",点燃 ICP 炬。

⑧待等离子体稳定 15 分钟后,即可开始测定试样。

(4)绘制标准曲线并分析试样。

(5)关闭 ICP 炬。

①分析完毕后,将进样管放入蒸馏水中冲洗进样系统 10 分钟。

②在"等离子状态"对话框,点击"等离子关闭",关闭 ICP 炬。

③关闭 ICP 炬 5～10 分钟后,关闭循环水,松开泵夹及泵管,将进样管从蒸馏水中取出。

④关闭排风扇。

⑤待 CID 温度升至 20 ℃以上时,驱气 20 分钟后,关闭氩气。

8.3.3　电感耦合等离子体原子发射光谱法(ICP-AES)测定矿泉水中锶含量

1) 实验目的

(1) 学习电感耦合等离子体原子发射光谱(ICP-AES)分析方法的基本原理。

(2) 学习 ICP-AES 仪器的主要构造和各部件的作用。

(3) 学习利用 ICP-AES 仪器测定水中锶离子的方法。

2) 实验原理

含有 Sr 的矿泉水由载气(氩气)带入雾化系统雾化后,以气溶胶形式进入等离子体的轴向中心通道,在高温和惰性气体中被充分蒸发、原子化、电离和激发,发射出 Sr 元素的特征谱线,根据特征谱线强度即可确定矿泉水中 Sr 含量。

3) 仪器

(1) ICP-AES 仪。

(2) 移液管。

(3) 容量瓶。

4) 试剂

(1) 1000.0 μg/mL 锶离子储备液:准确称取 2.4152 g 硝酸锶[$Sr(NO_3)_2$]固体,溶于体积分数为 1% 的硝酸中并稀释至 1000 mL,摇匀。

(2) 锶离子系列标准溶液:用去离子水将储备液逐级稀释得到 2.0 μg/mL、1.5 μg/mL、1.0 μg/mL、0.5 μg/mL、0.1 μg/mL 的系列标准溶液。

5) 实验步骤

(1) 仪器条件。

影响 ICP-AES 分析特性的因素较多,但主要工作参数有三个,即高频功率、载气流量及观测高度。多数仪器的工作参数范围见表 8-2。

表 8-2　ICP-AES 仪器工作参数范围

高频功率/kW	反射功率/W	观测速度/nm	载气流量(L/min)	等离子气流量(L/min)	进样量(mL/min)
1.0~1.4	<5	6~16	1.0~1.5	1.0~1.5	1.5~3.0

按照 ICP-MS 仪器的基本操作步骤进行准备工作:开机,点燃等离子体,待炬焰稳定(约 30 分钟),仪器即处于工作状态。

(2) 标准曲线的绘制:在 Sr 波长 421.552 nm 处,分别将浓度为 2.0 μg/mL、1.5 μg/mL、1.0 μg/mL、0.5 μg/mL、0.1 μg/mL 的系列标准溶液引入火炬管,计算机即绘制出工作曲线。

(3) 在相同测试条件下,利用 ICP-AES 光谱仪测定矿泉水中 Sr 含量。根据试样数据,进行计算机自动在线结果处理,打印测定结果。

(4)确认所有分析工作完成后,用 5% 的 HCl 高纯水溶液冲洗 5 分钟,再用高纯水冲洗 5 分钟,然后熄灭等离子体。5 分钟后关冷却水,待检测器温度升至室温后关闭氩气。最后关闭排风。

(5)报告测定结果。

6)注意事项

(1)点燃等离子体后,应尽量少开屏蔽门,以防高频辐射伤害身体。

(2)等离子体发射很强的紫外光,易伤害眼睛,应通过有色玻璃防护窗观察 ICP 炬。

(3)实验过程中要经常观察雾化室雾化是否正常,废液是否流出,雾化室内不能有积液。

7)思考题

(1)等离子体发射光谱与原子吸收光谱的主要区别是什么?

(2)为什么 ICP 光源能够提高光谱分析的灵敏度和准确度?

8.4　气相色谱-质谱联用(GC-MS)及实验

8.4.1　仪器结构及原理

气相色谱-质谱法(gas chromatography-mass spectrometry,GC-MS)是将色谱的分离能力与质谱的定性和结构分析能力有机地结合在一起的现代仪器分析方法,是当代最为重要的分离和鉴定的分析方法之一,目前已被广泛应用于石油化工、环境、食品、医药分析和司法鉴定等各个领域中。

气相色谱法(GC)是一种分离复杂混合物的一种有效分离技术,是以气体为流动相,根据待测样品中不同组分的沸点、极性的差异对其进行分离分析的方法。气相色谱法具有分离效率高、定量分析快速灵敏的特点,但不适合复杂混合物的定性鉴定。质谱法具有灵敏度高、定性能力强等特点,但是定量分析能力较差,另外,质谱法不能对混合物质直接进行分析,所分析的物质必须是纯物质的特点在很大程度上限制了其应用。气相色谱-质谱联用仪(GC-MS)是将气相色谱和质谱仪通过特定的接口连接,将复杂混合物利用色谱仪分离成单个组分后,再进入质谱仪进行定性鉴定,从而实现分离和鉴定同时进行的目的,对于混合物的分析测定是一种理想的仪器。

气相色谱-质谱仪主要由气相色谱、接口、质谱和数据处理系统(计算机)组成(见图 8-5)。色谱部分和一般的气相色谱仪基本相同,包括载气系统,进样系统、色谱柱。也带有气化室和程序升温系统、压力、流量自动控制系统等。色谱部分一般不再有常规的气相色谱检测器(如氢火焰离子化检测器等),而是利用质谱仪作为色谱的检测器。混合样品在色谱部分被分离成单个组分,然后进入质谱仪进行鉴定。

质谱部分主要由离子源(EI 源)、质量分析器(四极杆质量分析器)、检测器和高真空系统组成。

接口部分为毛细管连接,气相色谱和接口部分起到了一般质谱仪的进样系统的作用。图 8-6 为 7000B 型 GC-MS 联用仪的实物图。

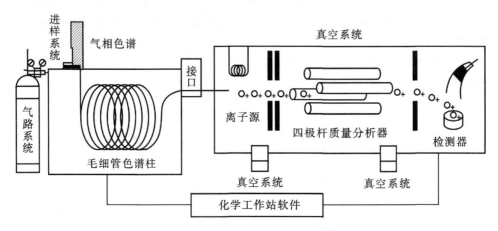

图 8-5　气相色谱-质谱联用仪流程图

图 8-6　7000B 型 GC-MS 联用仪的实物图
1—自动进样器;2—质谱;3—气相色谱

8.4.2　GC-MS 操作程序

1) 样品的准备

GC-MS 联用仪对所测定的样品有比较严格的要求。一般先在色谱仪上确定待测样品的分离条件。所测样品浓度不能太高。样品浓度过高,可能会引起离子抑制或者信号太强而得不到理想的谱图,还可能会对仪器造成不良影响。浓度很高的样品,可以在进样前进行稀释。浓度稍高的样品,可以通过改变分流比的方式减少进入仪器的样品量。理想的样品溶液浓度大约为 1 ng/μL,此时进样 1 μL 即可满足检测需要。

2) 仪器的开机、调谐和校正

(1) 打开氦气和氮气瓶主阀,查看氮气和氦气是否充足(主阀压力大于 2 MPa)。查看副阀压力是否达到仪器运行压力要求(氦气副阀压力表 0.4 ~ 0.6 MPa 之间,氮气压力副阀压力大于 0.5 MPa);打开稳定电源。

(2) 打开 GC/MS Triple Quad 和 GC System 设备的电源,然后打开电脑。

(3) 在"Instrument MS"选择项中,点击"调谐"选项,选择"手动调谐"→"真空控制"→"抽真空"(若离子源真空箱未打开过,抽真空时间一般 40 分钟左右;若离子源真空箱打开过,则需要抽真空 4 个小时),此时涡轮 1 的转速必须为 100%,功率在 45.5 W 左右,即完成抽真空。

(4) 在"自动调谐"选项中,选择"EI 高灵敏度自动调谐",再点击"自动调谐",调谐文件自动保存在 D:\massHunter\GCMS\1\7000\atunes. eiex. tune. xml 目录下。

(5) 查看调谐报告,看主要参数是否满足要求[在 Q1 分析器中,M/Z:69、219、502,相应同位素是否为 70.1、220.0、503,同位素比例 1.10%、4.31%、10.22%,真空结果中,查看涡轮泵是否为 100%(必须是),功率 45.5 左右,检测器中查看,EMV 是否小于 2500 V;再进行空气水检查,H_2O 与 M/Z 比例应小于 10%,O_2 与 M/Z 比例应小于 2%]。

3) 实验方法的建立和数据采集

(1) 如果满足,在 MS 参数设置中选择调谐好的文件,并设置相应参数;根据样品性质设置 GC 参数。

(2) 点击电脑桌面图标"GC_QQQ",弹出对话框,点击进入"Instrument GC 参数"选项中,然后点击"进样口",在"SSL - 前"或"SSL - 后"(根据 GC/MS 使用的对应进样方式而定)选项中,选中"加热器"复选框,在"色谱柱"中,确保色谱柱 1 为恒流,流速设定为 1.2 mL/min,色谱柱 2 为恒压,压力设定为 1.5 ~ 1.8 psi;在"辅助加热器"选项中,选中打开辅助加热器 2。

(3) 测样流程为:编辑序列→运行序列→查看结果→定性、定量分析。

4)关机程序

(1)选择关机程序文件(关机程序文件的目录在 D:\massHunter\GCMS\1\methods\关机程序)。

(1)在"调谐"选项中,点击"手动调谐"→"真空控制",点击"放空"(放空时间一般在40分钟左右)。

(3)点击"放空"后,会出现对话框,观察待涡轮1的转速小于20%,离子源加热器温度小于100℃,MS1加热器小于100℃,MS2加热器小于100℃,然后关闭电脑和运行设备。

(4)关闭稳压电源、氮气和氦气。

8.4.3　GC-MS 实验——气相色谱-质谱联用测定多环芳烃

多环芳烃(polycyclic aromatic hydrocarbons, PAHs)是一类由两个或两个以上苯环以稠环键连接的化合物,是煤、石油、木材、烟草等有机物不完全燃烧时产生的挥发性碳氢化合物。多环芳烃是一类致癌物质,对其在环境中的含量进行测定非常重要。

1)实验目的

(1)掌握 GC-MS 的基本原理。

(2)了解 GC-MS 的主要构造、分析条件的设置和工作流程。

(3)掌握利用 GC-MS 对有机物进行定性定量分析的方法。

2)实验原理

混合多环芳烃样品首先经过气相色谱被分离成单一组分,再进入质谱仪的离子源,在离子源中,组分分子被电离成离子,离子经质量分析器后按照 m/z 比顺序排列成谱。经检测器检测后得到质谱。计算机采集并储存质谱,经处理后即可得到样品的色谱图、不同组分的质谱图。经谱库检索后得到化合物的定性结果,根据色谱图可对各组分进行定量分析。

3)仪器

(1)气相色谱-质谱联用仪(GC-MS),EI 源。

(2)自动或手动进样器。

(3)毛细管色谱柱:HP-5MS 或同类色谱柱。

4)试剂

(1)16 种多环芳烃混合标样(Sigma 公司):萘(NAP,128.2)、苊烯(ANY,152.2)、苊(ANA,154.2)、芴(FLU,166.2)、菲(PHE,178.2)、蒽(ANT,178.2)、荧蒽(FLT,202.3)、芘(PYR,202.3)、苯并[a]蒽(BaA,228.3)、䓛(CHR,228.3)、苯

并[b]荧蒽(BbF,252.3)、苯并[k]荧蒽(BkF,252.3)、苯并[a]芘(BaP,252.3)、茚并[1,2,3-cd]芘(IPY,276.3)、苯并[ghi]苝 (BPE,276.3)、二苯并[a,h]蒽(DBA,278.4)。

(2)待测定的环境样品。

5)实验步骤

(1)设置色谱分离条件。

根据参考文献,设置进样口温度、载气流速和程序升温等色谱条件。选择数据全扫描模式。保存设置的 GC-MS 实验方法。注意:记录保存路径、文件名称其后缀等。

(2)设置质谱检测条件。

设置离子源温度、接口温度、检测器电压、扫描方式、质量范围等。特别注意设置溶剂切除(避峰)时间。

(3)选择手动或自动进样,将 16 种 PAHs 混标进样 1 μL,运行系统进行分析,显示总离子流色谱图和质谱图。

(4)根据各化合物的质谱图,以所得的分子离子峰为依据,利用标准谱图检索方法,对 16 种组分进行定性分析。

(5)将所获得的质谱图搜索 NIST 数据库,比较实验所得质谱图与标准谱图差异和匹配度。

(6)将待测定样品进样 1 μL,利用全扫描模式进行分析,并对其所含的多环芳烃化合物进行定性分析。

(7)报告测定结果。

6)思考题

(1)气相色谱-质谱联用仪有哪些主要部件? 它们的作用是什么?

(2)在设定气质联用仪的工作参数时,如何避免记录很大的溶剂峰?

(3)16 种多环芳烃化合物的 EI 质谱图有什么特点?

第9章　综合设计性实验

9.1　设计性实验

设计性实验是在学生已经具备了相当的分析化学理论和实践能力,并已经掌握了分析化学典型实验的基本操作、分析步骤和实验方法的基础上,参与的探索研究性实验。设计性实验设置的目的是为了激发学生的探索、研究精神,强化学生独立分析、解决问题的能力。

9.1.1　设计性实验过程和要求

综合、设计性实验流程图见图9-1。

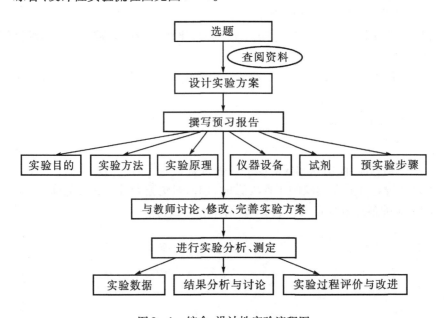

图9-1　综合、设计性实验流程图

(1)从所提供的实验题目中,选择自己感兴趣的内容。

(2)独立查阅资料,与同组同学共同完成实验方案的初步设计,写出预习报告。

(3)与指导教师和同学讨论,完善实验方案。

(4)准备实验器材和实验药品。

(5)进行实验。

(6)撰写完整的设计性实验报告。

9.1.2　设计性实验报告格式

1)预习报告

实验进行前,首先应按照以下格式和内容,撰写预习报告。

(1)实验目的。

测定的目的、可以达到的训练目标。

(2)分析方法及简单原理。

通过查阅文献资料,对所选题目进行初步构想并求证,确定分析方法。

原理应包括试样的预处理、必要的分离方法和分析方法。

(3)实验所需仪器和试剂清单。

列出所需全部仪器的种类和规格,试剂的种类、规格、浓度、配制方法。

(4)实验步骤设计。

设计的实验步骤要求详细完整。特别是一些关键性的、应注意的操作步骤。

(5)参考资料。

2)完善的实验方案及实际执行的实验步骤

包括实验中实际用到的仪器、试剂配制方法。如果实际实验做法与预习报告中的步骤或方案不一致,应重新写实际操作步骤。

3)实验数据

准确、完整、实事求是地记录原始数据,列出计算关系式,计算测定结果。

4)结果分析与讨论

对实验结果进行分析,对所设计的实验方案进行评价,对分析方法和实验条件进一步改进的设想等。

9.1.3　设计性实验注意事项

(1)在能满足测定要求的情况下,尽量节约使用试剂及样品,做到安全和环保。所配制的标准溶液(储备液)的浓度,一般不高于 0.1 mol/L。

(2)所有试剂和仪器使用后,放回原固定位置。

(3)测定中每个样品需要进行三次平行测定,测定结果的表示为"平均值 ± 标准偏差"。

9.1.4　设计性实验选题

1）酸碱滴定法

（1）不同指示剂对酸碱滴定法测定弱酸浓度准确度的影响。

【提示】分别用酸性指示剂（如甲基橙）、碱性指示剂（如酚酞）作为指示剂，利用 NaOH 标准溶液对 HAC 进行滴定，对滴定结果进行比较，研究由于指示剂选择不当造成的误差。

（2）HCl-HAc 混合液中各组分浓度的测定。

（3）$NH_3 \cdot H_2O$-NaOH 混合液中各组分浓度的测定。

（4）NaH_2PO_4-Na_2HPO_4 混合液中各组分浓度的测定。

（5）工业碳酸氢钠中碳酸钠和碳酸氢钠含量的测定。

【提示】强酸和弱酸混合物、混合碱分步滴定，可根据滴定曲线上每个化学计量点附近的 pH 突跃范围，选择不同变色范围的指示剂确定各组分的滴定终点，再由标准溶液的浓度和所消耗的体积求出混合物中各组分的含量。

2）配位滴定法

（1）水的钙硬、镁硬的分别测定。

（2）鸡蛋壳中钙含量的测定。

（3）Al^{3+}-Fe^{3+} 溶液中各组分浓度的测定。

（4）Bi^{3+}-Pb^{2+} 溶液中各组分浓度的测定。

（5）自来水中暂时硬度和永久硬度的分别测定。

【提示】利用配位滴定法同时测定多种金属离子时，如果两种离子的稳定常数差值大于 6（$\Delta lgK \geqslant 6$），可用控制酸度法进行连续滴定。如果两种离子的稳定常数差值小于 6，可用掩蔽和解蔽法进行连续滴定。

3）沉淀滴定法

（1）地表水中 Cl^- 的测定。

（2）酱油中氯化钠含量的测定。

（3）佛尔哈德法测定水中银离子。

（4）佛尔哈德法测定水中氯离子。

（5）法扬司法测定溴离子。

【提示】注意莫尔法、佛尔哈德法、法扬司法测定不同离子的原理、应用条件。

4）氧化还原滴定法

（1）蔬菜水果中维生素 C 的测定。

【提示】为防止还原性强的维生素 C 在空气中氧化，利用适当的预处理方法提取蔬菜或水果中的维生素 C 后,加入醋酸使得溶液呈弱酸性,以降低氧化速度,再用碘量法进行测定。

(2)利用高锰酸钾法测定二氧化锰含量。

【提示】二氧化锰是一种较强的氧化剂,无法用高锰酸钾直接滴定。可采用返滴定的方式进行测定。

(3)溴酸钾法测定水中苯酚。

【提示】以溴酸钾法和碘量法配合使用间接对苯酚进行测定。

(4)碘量法测定葡萄糖含量。

【提示】在碱性条件下向待测溶液中加入定量并过量的碘单质,葡萄糖分子中的醛基可被定量氧化为羧基。过量的未与葡萄糖反应的碱性碘化钾在被酸化时又生成碘单质。用硫代硫酸钠滴定析出的碘单质,即可间接求出葡萄糖含量。

(5)分光光度法测定水中铁——显色条件和测量条件的选择。

【提示】可见分光光度法中,显色剂用量、显色酸度、温度等显色条件以及测定波长等对测定结果的准确度和灵敏度有很大的影响。可利用单因素实验法选出适宜的显色剂用量、显色的酸度范围、显色反应的稳定时间及测量波长等。

(6)分光光度法测定样品中铬、锰含量。

【提示】可利用吸光度的加和性原理,分别在铬、锰各自的最大吸收波长处测定混合显色液的吸光度,联立方程,根据由标准溶液测得的两种离子在各自最大吸收波长处的摩尔吸光数,通过解联立方程求出混合液中两种离子的浓度。

(7)紫外光度法测定苯甲酸的解离常数。

【提示】若有机弱酸(或弱碱)在紫外-可见光区有吸收,且吸收光谱与其共轭碱(或酸)不同时,就可以利用分光光度法测定其解离常数。

配制三种分析浓度相等,而 pH 值不同的溶液(pH 分别为 pKa、比 pKa 低 2 个 pH 单位、比 pKa 高 2 个 pH 单位)。分别在三种溶液的最大吸收波长处测定它们的吸光度,根据公式计算 pKa。

(8)火焰原子吸收光谱法测定镁离子最佳实验条件的选择。

【提示】火焰原子吸收光谱法中,分析方法的准确度和灵敏度在很大程度上取决于实验条件。利用单因素法对分析线、灯电流、燃助比、燃烧器高度、光谱通带进行选择,确定测定镁的最佳实验条件。

(9)石墨炉原子吸收光谱法测定 Cd——最佳灰化温度和最佳原子化温度的选择。

【提示】利用单因素实验确定最佳灰化温度和最佳原子化温度。

(10)微波溶样火焰原子吸收光谱法测定矿样中的锑和铋。

【提示】微波熔样法现已广泛采用,微波熔样效率高,速度快。将矿样粉碎、过筛、准确称量,样品放在聚四氟乙烯熔样罐中,加入 NaOH,置于微波炉中"碱熔"。

随后用酸浸取,蒸馏水定容,即可用火焰原子吸收光谱法测定其中的锑和铋。

(11)植物色素的提取和薄层色谱分析。

【提示】植物叶茎中主要含胡萝卜素、叶黄素、叶绿素 a 及叶绿素 b 四种天然色素。可利用混合溶剂提取绿色植物中的天然色素,然后用薄层色谱加以分离。

9.2　综合性实验

9.2.1　综合性实验开设的目的

综合性实验是在学生综合掌握分析化学理论知识和各种实验技能及方法的基础上开设的实验。目的是为了培养学生系统地完成一些具有广度和一定深度的综合性实验。综合性实验要求学生综合运用所学的各种理论知识和方法技能,系统地、规范地完成实验,从而使学生得到全方位的培养和训练。

9.2.2　综合性实验开设要求

综合性实验在实验要求、实验过程、实验报告格式等方面与设计性实验基本相同。也是需要进行选题、查阅资料、撰写预习报告、与指导教师讨论、进行实验、撰写实验报告过程等环节(可参考 9.1.1、9.1.2 节)。所不同的是综合实验与设计性实验的实验内容。在综合实验中,可能需要同时使用多种不同的分析方法完成一个样品的测定;也可能要结合预处理实验—分析测定实验—计算方法等多个过程完成一个样品的测定;还可能是用同一种方法的不同测定方式对一个样品中的多种不同组分进行测定。相比设计性实验,综合性实验涉及的知识更广、测定过程更繁琐、分析测定耗时更长。

建议:综合性实验的开设不作为必选环节,不占课内实验学时,可作为学生实践环节的选修内容在课余时间选择完成。

9.2.3　综合性实验选题内容

综合实验一　酸碱指示剂法和电位滴定法测定酸度

【提示】酸碱指示剂法测定:分别用甲基橙、酚酞作指示剂,用氢氧化钠标准溶液滴定至指示剂变色,计算强酸酸度和总酸酸度。

电位滴定法测定:以 pH 玻璃电极为指示电极,饱和甘汞电极为参比电极,与被测水样组成原电池并接入 pH 计,用氢氧化钠标准溶液滴定至 pH 计指示 3.7 和 8.3,据其相应消耗的氢氧化钠标准溶液的体积,分别计算两种酸度。

【要求】利用两种不同方法对同一水样进行测定,比较两种方法的优缺点,讨论两种测定方法的适用范围。

综合实验二　水中 Ca^{2+}、Mg^{2+}、Al^{3+}、Fe^{3+} 离子的分别滴定

【提示】比较四种离子与 EDTA 形成的配合物稳定常数大小,判断利用控制酸度法测定稳定常数最大的金属离子与相邻金属离子之间有无干扰;若无干扰,则确定稳定常数最大的金属离子测定的 pH 值范围,并利用控制酸度法进行滴定;其它离子的测定依此类推;若有干扰,需采取掩蔽、解蔽或分离方式去除干扰。

【要求】掌握控制酸度法和掩蔽法测定金属离子的条件。画出测定流程图,设计实验方案,对四种不同金属离子进行分别滴定。

综合实验三　莫尔法、佛尔哈德法、法扬司法测定水中氯离子

【提示】莫尔法、佛尔哈德法、法扬司法测定氯离子的原理、应用条件各不相同。用三种银量法进行测定时,注意方法的应用条件。

【要求】分别用莫尔法、佛尔哈德法、法扬司法对同一种水样中的氯离子进行测定,讨论不同测定方法测定同一对象所得结果的准确性。分析三种不同测定方法的优缺点。

综合实验四　重铬酸钾——硫酸加热回流消解/快速密闭微波消解测定工业废水的 COD

【提示】化学需氧量反映了水体受还原性物质(主要为有机物)污染的程度。经典的消解法是用重铬酸钾作为氧化剂,在酸性条件下,加热回流 2 小时后,再用滴定法进行测定。方法耗时较长。微波消解法效率高,速度快,大大缩短了消解时间。

【要求】分别用重铬酸钾——硫酸加热回流、快速密闭微波消解对同一水样进行消解后,再对 COD 进行测定。分析比较不同消解方法的优缺点。

综合实验五　水中总磷、溶解性正磷酸盐和溶解性总磷含量的测定

【提示】水中磷含量的测定,通常按其存在形式分为测定总磷、溶解性正磷酸盐和可溶性总磷酸盐。测定时一般先用适当的方法消解水样,将所含磷全部氧化为正磷酸盐后,选择适当的方法进行测定,所得结果即为水样中总磷含量。如果将水样用 0.45 μm 滤膜过滤后,不经消解,直接用光度法进行测定,即可测得可溶性正磷酸盐;将水样过滤后进行消解,再用光度法测定,测得结果即为溶解性总磷。

【要求】了解水中总磷、溶解性磷酸盐、溶解性总磷的概念;画出三种不同形态磷的测定流程图;设计实验方案,对三种不同形态磷进行分别测定。

综合实验六　　水中铬的价态分析

【提示】水中铬的化合物常见价态有六价和三价两种。测定水体中的铬化合物必须进行不同价态的含量分析。在酸性介质中,六价铬可与二苯碳酰二肼反应生成紫红色化合物,用可见分光光度法进行测定。如果将试样中的三价铬用高锰酸钾进行氧化后并去除过量的高锰酸钾后,再用二苯碳酰二肼显色后进行测定,即可测得总铬含量。二者之差即为三价铬含量。

【要求】画出六价铬、总铬和三价铬的测定流程图,设计实验方案,对六价铬和三价铬进行测定。

综合实验七　　吸光度的加和性实验及水中微量 Cr^{6+} 和 Mn^{7+} 的同时测定

【提示】试液中含有多种吸光物质时,在一定条件下可以采用分光光度法同时进行测定。测定时,首先绘制不同吸光物质的吸收曲线,根据加和性原理,在各种吸光物质的最大吸收波长处测定混合溶液的总吸光度,然后用解联立方程式的方法,即可求出试液中不同吸光物质的含量。

【要求】绘制 Cr^{6+} 和 Mn^{7+} 的吸收曲线,利用加和性实验同时测定水中微量 Cr^{6+} 和 Mn^{7+}。

综合实验八　　火焰原子吸收光谱法测定镁的灵敏度和自来水中镁的测定

【提示】灵敏度是指某方法对单位浓度或单位量待测物质变化所致的响应量变化程度,它可以用仪器的响应量或其他指示量与对应的待测物质的浓度或量之比来描述。常用标准曲线的斜率表示方法的灵敏度。

【要求】配制系列浓度较小的镁离子标准溶液,利用火焰原子吸收光谱法测定其吸光度,绘制标准曲线,由标准曲线或回归方程计算镁的含量,根据测量数据,计算该仪器测定镁的灵敏度。利用标准加入法测定待测样品中镁元素的含量。

综合实验九　　湖水中溶解氧、高锰酸盐指数和某些金属离子含量的综合测定

【提示】采集水样,利用碘量法测定水中溶解氧,利用高锰酸钾滴定法测定高锰酸盐指数;调查水中可能含有哪些金属离子,根据水样中金属离子的大致浓度范围,利用配位滴定法或原子吸收光谱法测定水中金属离子的含量。

【要求】掌握测定溶解氧时水样的采集和现场固定方法。对水样中可能含有的金属离子种类与浓度要先进行调查和预估,再确定测定方法。画出实验流程图,

设计实验方案进行样品的测定。

综合实验十　硅酸盐水泥熟料中 Fe₂O₃、Al₂O₃、CaO、MgO 含量的测定

【提示】水泥熟料是经 1400℃以上高温煅烧而成的。通过熟料分析,可以检验熟料质量和烧成情况的好坏。测定方法是通过控制试液的酸度,选择适当的掩蔽剂和指示剂,综合利用直接滴定、返滴定和差减滴定的方式进行分别测定。

【要求】掌握样品的预处理方法。画出实验流程图,设计实验方案进行样品的测定。

综合实验十一　土壤铜、锌、铁、锰的测定

【提示】土壤样品用硝酸—高氯酸消解以去除有机质,再用氢氟酸脱硅,用高氯酸驱除氟离子后,将所得硝化物用盐酸溶解。用原子吸收光谱法或者 ICP-MS 对土壤中不同金属离子进行分别测定。

【要求】掌握土壤消解办法及不同金属离子的测定方法。

综合实验十二　土壤不同形态氮的测定

【提示】土壤氮素形态较多,可分为有机态氮和无机态氮两大类。有机态氮按其溶解度大小和水解难易程度分为水溶性有机氮、水解性有机氮、非水解性有机氮三类,它们可在微生物的作用下逐渐转化为无机态氮。无机态氮分为氨态氮和硝态氮。无机态氮很少,都是水溶性的氮。可直接被植物吸收利用。

全氮的测定一般用凯氏定氮法测定;水解性氮采用碱解扩散法;土壤硝态氮采用酚磺酸比色法或紫外分光光度法测定;铵态氮采用靛酚蓝比色法或者纳氏试剂比色法测定;可溶性全氮采用碱性过硫酸钾氧化——紫外/可见分光光度计测定;可溶性有机氮 = 可溶性全氮 –（铵态氮 + 硝态氮）;微生物氮采用氯仿熏蒸法。

【要求】了解水中不同形态氮的概念及测定意义;画出不同形态氮的测定流程图;设计实验方案,对不同形态氮进行分别测定。